电力行业热工自动化技术委员会
The rmodynamic automation technical committee

U0818067

火电厂热控系统可靠性配置与事故预控

电力行业热工自动化技术委员会

中国电力出版社
www.cepp.com.cn

内 容 提 要

为贯彻落实“坚持预防为主，落实安全措施，确保安全生产”的方针，提高热控系统的可靠性和机组运行的安全稳定性，针对火电厂热控系统曾经发生故障的原因、事故的教训和运行检修维护管理工作中的问题，经专题研究后，提出了热控系统可靠性配置要求与事故预控技术措施。

本技术措施可作为火电厂热控专业深化管理，制订热控系统反事故技术措施的指导性措施，供火电厂热控系统设计、安装、调试、检修、试验、维护、运行及监督管理专业人员使用。

图书在版编目（CIP）数据

火电厂热控系统可靠性配置与事故预控/电力行业热工自动化技术委员会编.—北京：中国电力出版社，2010.7（2020.6 重印）
ISBN 978-7-5123-0627-1

Ⅰ.①火… Ⅱ.①电… Ⅲ.①火电厂－热控制－控制系统－可靠性－配置②火电厂－事故－预防 Ⅳ.①TM621

中国版本图书馆 CIP 数据核字（2010）第 121853 号

中国电力出版社出版、发行
（北京市东城区北京站西街 19 号 100005 http://www.cepp.sgcc.com.cn）
北京雁林吉兆印刷有限公司印刷
各地新华书店经售

*

2010 年 7 月第一版 2020 年 6 月北京第六次印刷
850 毫米×1168 毫米 32 开本 3.25 印张 59 千字
印数 12001—13500 册 定价 **18.00** 元

关于印发《火电厂热控系统可靠性配置与事故预控》的通知

热工技［2010］7号

各发电集团公司、电力科学（试验）研究院、火电建设公司、发电公司（厂）：

为促进发电企业安全生产和技术进步，电力行业热工自动化技术委员会组织浙江省电力试验研究院、浙江省能源集团有限公司等有关单位，开展了提高热工自动化系统可靠性的专题研究，在调研、收集、分析、总结全国发电厂近年来热控系统故障发生的原因和热控设备运行、检修、维护、管理经验与问题的基础上，制定了提高热工自动化系统可靠性的重点技术措施——《火电厂热控系统可靠性配置与事故预控》，广泛征求意见后，经技术委员会审核通过，现以指导性技术措施予以印发。

《火电厂热控系统可靠性配置与事故预控》并不覆盖热控系统全部技术措施，各单位可参照本措施和已下发的相关技术措施，紧密结合本单位实际情况，制订具体的反事故技术措施并认真执行。

电力行业热工自动化技术委员会

二〇一〇年七月十日

前 言

原国家电力公司颁发的《防止电力生产重大事故的二十五项重点要求》(国电发［2000］589号)、国家发展和改革委员会颁发的DL/T 774—2004《火力发电厂热工自动化系统检修运行维护规程》和电力系统一直以来持之以恒开展的技术监督工作及近几年来持续开展的设备安全性评价工作，都对防止电力生产重大事故、提高热控系统的可靠性、保证火电厂安全经济运行发挥了重要作用。

近年来，随着机组容量的上升，控制功能和范围的扩大，热控系统的复杂性和故障的离散性增加。由于系统设计、设备选型、安装调试和运行环境变化等诸多因素影响，使得热控系统设计的科学性与可靠性、控制逻辑的条件合理性和系统完善性、保护信号的取信方式和配置、保护联锁信号定值和延时时间的设置、系统的安装调试和检修维护质量、热控技术监督力度和管理水平都还存在着一些薄弱环节，由此引发热控保护系统可预防的误动，甚至机组误跳闸事件仍时有发生，影响着机组的安全经济性和电网的稳定运行。在电力工业发展进入大电网、大机组和高度自动化以及电力生产企业面临安全考核风险增加和市场竞争环境加剧的今天，进一步深化热控专业管理，完善热控系统配置，提高热控系统设备运行可靠性和机组运行的安全经济性已至关重要。

为此，电力行业热工自动化技术委员会组织浙江省电力试验研究院、浙江省能源集团有限公司等单位成立项目组，在调研、收集、分析、总结全国近年来热控系统故障发生的原因及事故教训、热控设备运行检修维护管理经验与问题的基础上，通过《基建阶段的热控系统可靠性过程控制》、《分散控制系统可靠性评估方法》、《分散控制系统故障应急处理导则》、《提高 TSI 系统运行可靠性的若干技术措施》、《提高热控接地系统可靠性和抗干扰能力的技术措施》、《热工保护与控制逻辑优化》、《提高汽包水位测量与保护信号可靠性的技术措施》、《热控设备可靠性分类与测量仪表合理校验周期及方法》、《热工自动化系统可靠性评估导则》等专题研究，编制了《火电厂热控系统可靠性配置与事故预控》技术措施，以供电力行业热控人员在进行专业设计、安装调试、检修维护、技术改进和监督管理工作时参考。

本技术措施编制完成后，在一些电厂进行了实际应用检验；电力行业热工自动化技术委员会两次组织全国性电厂专业人员进行讨论和普遍征求意见，并于 2010 年 5 月 20 日通过审查。

本技术措施由电力行业热工自动化技术委员会

提出。

本技术措施由电力行业热工自动化技术委员会技术归口并负责解释。

本技术措施负责起草单位：浙江省电力试验研究院、浙江省能源集团有限公司。

本技术措施参加起草单位：浙江浙能嘉兴发电有限责任公司、浙江浙能温州发电有限公司、浙江浙能镇海发电有限责任公司。

本技术措施审查人：金耀华、尹淞、金丰、许继刚、段南、马永真、王利国、仝声、毕诗芳、李劲柏、沈丛奇、刘武林、骆意、陈世和、岳建华、张建龙、张晋宾、张秋生。

本技术措施起草人：孙长生、朱北恒、尹峰、孙耘、项谨、王建强、胡伯勇、丁永君、李式利、周强、樊健刚、徐晶霞、王革新、王志强、瞿萧、吴永存、傅望安、刘伟、杨桦、余燕山、滕卫明、李康良、刘玉成、丁俊宏、王蕙。

目　次

火电厂热控系统可靠性配置与事故预控

1 范围

1.1 为进一步贯彻落实“坚持预防为主，落实安全措施，确保安全生产”的方针，深化管理，完善系统配置，减少热控系统故障，提高热控系统可靠性和机组运行安全稳定性，特制定《火电厂热控系统可靠性配置与事故预控》技术措施。

1.2 本技术措施给出了火电厂热控系统可靠性配置及预防事故技术措施方面的指导性要求，适用于装机容量为125MW及以上机组的热控系统基建及改造过程中的设计、安装、调试和生产过程中的检修、维护、运行及监督管理工作。单机容量小于125MW机组的火电厂可参照执行。

1.3 本技术措施并不覆盖热控系统全部技术措施，电力建设和电力生产企业应根据本措施和已下发的相关反事故技术措施，紧密结合机组的实际情况，制订适合本单位机组运行的反事故技术措施，并认真执行。

2 规范性引用文件

下列文件中的条款通过本技术措施的引用而成为本

技术措施的条款。凡是注日期的引用文件，其随后所有的修改单（不包括勘误的内容）或修订版均不适用于本技术措施，然而，鼓励根据本技术措施达成协议的各方研究是否可使用这些文件的最新版本。凡是不注日期的引用文件，其最新版本适用于本技术措施。

GB 4830　工业自动化仪表气源压力范围和质量

GB 18218　重大危险源辨识

DL/T 655　火力发电厂锅炉炉膛安全监控系统验收测试规程

DL/T 656　火力发电厂汽轮机控制系统验收测试规程

DL/T 657　火力发电厂模拟量控制系统验收测试规程

DL/T 659　火力发电厂分散控制系统验收测试规程

DL/T 744　火力发电厂热控自动化系统检修运行维护规程

DL/T 924　火力发电厂厂级监控信息系统技术条件

DL/T 1012　火力发电厂汽轮机监视和控制系统验收测试规程

DL/T 1056　发电厂热工仪表及控制系统技术监督导则

DL 5000　火力发电厂设计技术规程

DL/T 5175　火力发电厂热工控制系统设计技术

规定

DL/T 5182 火力发电厂热工自动化就地设备安装、管路及电缆设计技术规定

DL/T 5190.5 电力建设施工及验收技术规范 第5部分：热工仪表及控制装置

DL/T 5227 火力发电厂辅助系统（车间）热工自动化设计技术规定

AQ/T 9002 生产经营单位生产安全事故应急预案编制导则

Q/LD 208005 危险源辨识与风险评价控制程序

国家电网生［2003］409号 火力发电厂安全性评价

国电发［2000］589号 防止电力生产重大事故的二十五项重点要求

国家电力监管委员会第5号 电力二次系统安全防护规定

3 单元机组分散控制系统

3.1 操作员站、工程师站、实时数据服务器和通信网络的配置应满足以下要求：

a） 分散控制系统中的操作员站、服务器、通信网络、电源均应采用可靠的冗余配置。

b） 为便于检修与维护，工程师站宜具备操作员站显示功能，否则应在工程师站中配置仅开放显示功能的操作员站。

c） 单元机组集控室内的操作员站通常不宜少于4

台。当数字式电液控制系统（DEH）与分散控制系统（DCS）采用不同硬件类型时，应单独配置操作员站。

3.2 控制器的配置，应遵循下列原则：

a） 控制器应采用冗余配置，其对数应严格遵循机组重要保护和控制分开的独立性原则配置，不应以控制器能力提高为理由，减少控制器的配置数量，从而降低系统配置的分散度。

b） 为防止一对控制器故障而导致机组被迫停运事件的发生，重要的并列或主/备运行的辅机（辅助）设备控制，应按下列原则配置控制器：

1） 送风机、引风机、一次风机、空气预热器、凝结水泵、真空泵、重要冷却水泵、重要油泵和非母管制的循环水泵等多台组合或主/备运行的重要辅机，以及A、B段厂用电，应分别配置在不同的控制器中，但允许送风机和引风机等按介质流程组合在一个控制器中。

2） 给水泵控制系统应分泵配置在不同的控制器中。

3） 磨煤机、给煤机、风门和油燃烧器等多台组合运行的重要设备应按工艺流程要求纵向组合，配置至少三个控制站。

c） 为保证重要监控信号在控制器故障时不会失去监视，汽包水位［超（超）临界压力直流机组除外］、主蒸汽压力、主蒸汽温度、再热蒸汽温度、炉膛压力等重要的安全参数，应配置在不同的控制器中（配置硬接线后备监控设备的除外）。

3.3 输入/输出模件（I/O模件）的冗余配置，根据不同厂商的分散控制系统的结构特点和被控对象的重要性来确定，推荐下列配置原则：

a） 应三重冗余（或同等冗余功能）配置的模拟量输入信号：机组负荷、汽轮机转速、轴向位移、给水泵汽轮机转速、凝汽器真空、主机润滑油压力、抗燃油压、主蒸汽压力、主蒸汽温度、主蒸汽流量、调节级压力、调节级金属温度、汽包水位、汽包压力、水冷壁进口流量、主给水流量、除氧器水位、炉膛负压、增压风机入口压力、一次风压力、再热汽压力、再热汽温度、常压流化床床温及流化风量、中间点温度（作为保护信号时）、主保护信号。

b） 至少应双重冗余配置的模拟量输入信号：加热器水位、热井水位、凝结水流量、主机润滑油温、发电机氢温、汽轮机调节阀开度、分离器水箱水位、分离器出口温度、给水温度、送风风量、磨煤机一次风量、磨煤机出口温度、磨煤机入口负压、单侧烟气含氧量、除氧器压力、中间点温度（不作为保护信号时）、二次风流量等。当本项中的信号作为保护信号时，应三重冗余（或同等冗余功能）配置。

c） 应三重冗余配置的重要开关量输入信号：主保护动作跳闸［总燃料跳闸（MFT）、汽轮机紧急跳闸系统（ETS）、发电机跳闸系统（GTS）］信号；联锁主保护动作的主要辅机动作跳闸信号等。

d） 冗余配置的I/O信号、多台同类设备的各自控制回路的I/O信号，必须分别配置在不同的I/O模件上。

e） 所有的I/O模件的通道间，应具有信号隔离功能。

f） 电气负荷信号应通过硬接线直接接入DCS；用于机组和主要辅机跳闸的保护输入信号，必须直接接入对应保护控制器的输入模件。

g） 控制系统应具备全球定位系统接入功能，各种类型的历史数据必须具有统一时标，能自动与全球定位系统时钟同步，并由全球定位系统自动授时。

3.4 分散控制系统的各项性能指标，不满足DL/T 656要求的不宜选用；已在运行的系统，应通过整改使其满足要求。

3.5 与分散控制系统连接的所有相关系统（包括专用装置）的通信接口设备应稳定可靠，其通信负荷率应不高于DL/T 774的相关要求。

3.6 与其他信息系统联网时，必须按照DL/T 924、国家电力监管委员会第5号令文件和相关法规的要求，配置有效的隔离防护措施。

3.7 正常运行时，操作员站的闲置外部接口功能与工程师站的系统维护功能均应闭锁。

3.8 分散控制系统应达到EMCⅡ级电磁兼容性要求。

3.9 当用于保护与控制的参数严重异常时，应有明显的声光报警，并提供可进一步了解信号情况的手段。

3.10 当DCS与DEH为不同系统时，为防止DEH系统出现异常时汽轮机失去监视和控制，宜在 DCS 操作站画面上，实现主重要设备运行状态和影响机组安全经济运行指标参数（主重要参数）的监视和操作功能。该操作功能在机组正常运行时应予以屏蔽，当 DEH 操作员站发生异常时即时开放。

3.11 为满足隔离或增加容量等需要而在测量和控制系统的 I/O 回路中加装隔离器时，应遵循以下原则：

a） 宜采用无源隔离器，否则隔离器电源宜与对应测量或控制仪表为同一电源。

b） 应采取有效措施，防止积聚电荷而导致信号失真、漏电而导致执行器位置漂移、电源异常导致测量与控制失常现象发生。

c） 隔离器安装位置，用于输入信号时应在控制系统侧，用于输出信号时宜在现场侧。

3.12 采用多机一控的电厂，必须保证机组之间的操作隔离和网络设备上的逻辑隔离，确保机组间不能相互访问，减少网络风暴对系统的影响。

4 公用与辅助控制系统

4.1 水、气、煤、灰、油、脱硫、脱硝等（以下简称公用与辅助）热控系统的自动化水平，应按照 DL/T 5227 的规定，综合考虑控制方式、系统功能、运行组织、辅助车间设备可控性等因素进行设计。

4.2 采用集中控制的公用与辅助系统时，应满足以下要求：

a）各控制区域系统（包括专用装置）的供电电源均应分别冗余配置，并经实际试验证明可靠。

b）各控制区域的控制装置［包括电源装置、中央处理单元（CPU）等］、交换机、上层主交换机及网络连接设备，均应分别冗余设置。

c）应充分考虑辅助系统（车间）分散、距离较远的特征，确保其网络的通信速率、通信距离满足监控功能的实时性要求。

d）各控制区域的网络系统应能与全厂信息监控系统（SIS）进行通信，以实现全厂监控和管理信息网络化。

e）无人值班车间（区域）应设置闭路电视监视系统，并与主厂房闭路电视监视系统统一考虑，确保对就地设备的监视。

4.3 采用母管制的循环水系统、空冷系统的冷却水泵、仪用空气压缩机及辅助蒸汽等重要公用系统（或扩大单元系统），宜按单元或分组纳入单元机组 DCS 中，以免因公用 DCS 故障而导致全厂或两台机组同时停止运行；不宜分开的，可配置在公用 DCS 中，但不应将控制集中在一对控制器上，以免因控制系统故障而导致对应设备全部跳闸。

4.4 循环水泵房设备运行中操作少，处于无人值守或少人值守状态，且现场工作环境条件差，因此进行控制系统设计、维护时，还应满足以下要求：

a）充分考虑温度、湿度、防尘、防电磁干扰、防腐蚀等因素的影响，选用高可靠性的监控设备与装置，并配套完善的防护设施。

b） 按危险分散的原则，单元机组循环水泵应配置独立的控制器进行控制，并合理分配循环水泵房数字量输出（DO）通道，使一块 DO 模件仅控制一台循环水泵。

4.5 为防止空冷机组的空冷设备管束冻结，应根据空冷制造厂的要求设置相应的检测手段（如环境温度等）。当达到防冻保护启动条件时，应按空冷制造厂要求的方式启动防冻保护程序。

4.6 在两台及以上机组的控制系统均可对公用系统进行操作的情况下，必须设置优先级并增加闭锁功能，确保在任何情况下，仅一台机组的控制系统可对公用系统进行操作（设计的自动联锁功能除外）。

4.7 自带控制装置的现场设备（如循泵房蝶阀）实现 DCS 远方控制时，控制其启停的指令，应采用短脉冲信号。

4.8 公用与辅助控制系统均应设置必要的就地操作功能，以便在控制系统故障的紧急情况下，可以通过就地手操功能维持公用系统运行。

5 热工保护逻辑与设备

5.1 保护逻辑条件的配置，应根据不同厂家设备制定标准。推荐配置的热工主保护至少包括：

a） 汽包锅炉主保护配置：手动紧急停炉保护、汽轮机跳锅炉保护、引风机全停保护、送风机全停保护、空气预热器全停保护、失去全部火焰保护、失去全部燃料保护、风量低Ⅱ值保护、一次风机全停保护、炉膛压力高Ⅱ值保护、炉膛压力低Ⅱ值保护、汽包水位高Ⅱ值保护、汽包水位低Ⅱ值保护、火焰检测器冷却风丧失保护、三次投油枪点火失败保护、DCS 电源失去保护、炉膛安全系统（FSS）电源失去保护、炉膛压力高Ⅲ值保护、炉膛压力低Ⅲ值保护。

b）直流锅炉主保护配置：手动紧急停炉保护、汽轮机跳锅炉保护、引风机全停保护、送风机全停保护、空气预热器全停保护、全部火焰失去保护、失去全部燃料保护、风量低Ⅱ值保护、一次风机全停保护、炉膛压力高Ⅱ值保护、炉膛压力低Ⅱ值保护、火焰检测器冷却风丧失保护、三次点火失败保护、DCS 电源失去保护、FSS 电源失去保护、给水流量低保护、给水泵全停保护、分离器出口温度高（水冷壁壁温高）保护、中间点温度保护。

c）汽轮机主保护配置：手动停机保护、汽轮机超速保护、轴向位移大保护、汽轮机轴系振动保护、润滑油压低Ⅱ值保护、凝汽器真空低Ⅱ值保护、EH 油压低Ⅱ值保护、锅炉跳汽轮机保护、发电机—变压器组保护、主蒸汽温度过低保护、再热蒸汽温度过低保护、发电机断水保护、DEH 失电保护。

5.2 根据热工保护“杜绝拒动，防止误动”的基本配置原则，所有重要的主辅机保护信号，应满足DL 5000

的要求，尽可能采用三个相互独立的一次测量元件和输入通道引入，并通过三选二（或具有同等判断功能）逻辑实现；不满足要求的，应按5.12进行优化。

5.3 触发停机停炉的热工保护信号测量仪表应单独设置；当与其他系统合用时，其信号应首先进入优先级最高的保护联锁回路，其次是模拟量控制回路，顺序控制回路最低。控制指令应遵循保护优先原则，保护系统输出的操作指令应优先于其他任何指令。

5.4 保护回路中不应设置运行人员可投、撤保护和手动复归保护逻辑的任何操作设备。200MW及以下机组的工程师站中，已设计有投切开关的保护系统应设置有状态显示和投、撤开关操作的确认功能。

5.5 MFT、ETS、GTS间的跳闸指令，必须至少有两路信号，通过各自的输出模件，并按二选一或三选二逻辑启动跳闸继电器。

5.6 MFT、ETS的出口继电器，均宜设计成相互独立的两套系统，或采用三选二冗余逻辑。

5.7 当DCS、DEH总电源消失时，应直接通过FSS和ETS的输出继电回路，自动发出停炉和停机指令。

5.8 单元机组的锅炉、汽轮机和发电机之间必须装设下列跳闸保护：

a） 锅炉故障发出总燃料跳闸停炉信号后，单机容量为300MW及以上的机组应立即停止汽轮机运行。100MW～200MW的机组，除非满足b）保护，并同时设置有汽包水位高联跳汽轮机组保护和防止汽轮机进水保护，否则也应立即停止汽轮机运行。

b） 汽轮机运行中，当主蒸汽温度或再热蒸汽温度变化速率保护或低温保护动作时，应保护动作停机。

c） 汽轮机跳闸时，除非机组具有快速甩负荷（FCB）功能，或解列前汽轮机负荷小于30%～40%（视旁路容量而定）且旁路系统可快速开启投入工作，否则应立即触发MFT停炉。

d） 表征汽轮机跳闸的信号发出且发电机出现逆功率信号时，应立即解列发电机。

e） 内部故障导致发电机解列时，应立即联跳汽轮机；电网外部故障导致发电机解列时，除非机组具有FCB功能，否则应立即联跳汽轮机。

5.9 ETS硬件由可编程控制器（PLC）组成时，应冗余配置且双网通信，保证当发生局部通信不正常时，ETS系统能正常工作。当纳入DCS时，控制器处理周期应不大于20ms，并具有防止DCS通信中断、模件故障、主机死机等异常情况下，导致ETS保护功能拒动和误动的技术措施。

5.10 保护逻辑组态时，应合理配置逻辑页面和正确的执行时序，注意相关保护逻辑间的时间配合，防止由于取样延迟和延迟时间设置不当，导致保护联锁系统因动作时序不当而失效。

5.11 润滑油压力低信号，应直接接入事故润滑油泵的电气启动回路，确保事故润滑油泵在没有DCS控制的情况下能够自动启动，保证汽轮机的安全。

5.12 为避免单个部件或设备故障而造成机组跳闸，在新机组逻辑设计或运行机组检修时，应采用容错逻辑设计方法，对运行中容易出现故障的设备、部件和元件，从控制逻辑上进行优化和完善，通过预先设置的逻辑措施来避免控制逻辑的失效（参见附录A）：

a） 通过增加测点的方法，将单点信号保护逻辑改为信号三选二选择逻辑。

b） 无法实施a）的，通过对单点信号间的因果关系研究，加入证实信号改为二选二逻辑。

c） 无法实施a）和b）的单测点信号，通过专题论证，在信号报警后能够通过人员操作处理、保证设备安全的前提下可改为报警。

d） 实施上述措施的同时，对进入保护联锁系统的模拟量信号，合理设置变化速率保护、延时时间和缩小量程（提高坏值信号剔除作用灵敏度）等故障诊断功能，设置保护联锁信号坏值切除与报警逻辑，减少或消除因接线松动、干扰信号或设备故障引起的信号突变而导致的控制对象异常动作。

5.13 通信网络传送的重要保护联锁系统的开关量信号，应通过加延时、与对应的硬接线保护信号组成或逻辑等方法来确保信号的可靠性，减少信号瞬时干扰造成的保护系统误动作。

5.14 炉膛压力保护定值应按锅炉制造厂家给出的定值进行设定。运行中需要进行调整时，须充分考虑炉膛的设计强度和辅机系统的运行要求，并征得制造厂商同意或联系制造厂商共同讨论确定。

5.15 应对热工保护联锁信号进行全面梳理，从提高动作可靠性的角度出发进行优化（参见附录B）。

5.16 用于保护与控制的独立装置，应有断电程序保护功能，在装置电源消失时应能保证系统程序不丢失；当系统的复位信号存在时刻出现跳闸信号时，应能优先跳闸控制对象。

5.17 保护信号均宜全程冗余配置，任一过程元素故障应报警但不会引起系统误动或拒动。

5.18 抽汽止回阀应配有空气引导阀。抽汽止回阀、本体疏水阀等宜从热控仪表电源柜中取电，采用单线圈电磁阀失电动作，确保DCS系统失电引起汽轮机跳闸后，抽汽止回阀和本体疏水气动阀的压缩空气被切断，抽汽止回阀能够关闭，本体疏水气动阀能够打开，机组能够安全停机。

6 热工控制逻辑与设备

6.1 通过DCS（或远程控制器）控制且配有独立控制装置（电动门、辅机电动机、泵等）的控制对象的启动、停止指令，应采用短脉冲（特殊要求的除外）信号，并在每个控制对象的就地控制回路中实现控制信号的自保持功能。对于给粉机或给煤机（直吹式制粉系统）的自保持回路以及对应的控制设备，既要防止厂用电切换时误跳闸，又要防止厂用电失去后恢复时间段内失控状态下的重新启动，造成炉膛爆燃事故发生。

6.2 受 DCS 控制且在停机停炉后不应马上停运的设备，如空气预热器电动机、重要辅机的油泵、火焰检测器冷却风机等，必须采用脉冲信号控制，以防止 DCS 失电而导致停机停炉时引起这些设备误停运，造成重要辅机或主设备的损坏。

6.3 输出控制电磁阀的指令形式，应根据下列情况确定：

a） 汽轮机紧急跳闸电磁阀、抽汽止回阀的电磁阀、汽轮机紧急疏水电磁阀以及锅炉燃油关断电磁阀（支阀）等具有故障安全要求的电磁阀，必须采用失电时使工艺系统处于安全状态的单线圈电磁阀，控制指令必须采用持续长信号（另有规定时除外）。

b） 没有故障安全要求的电磁阀，应尽量采用双线圈电磁阀，控制指令应采用短脉冲信号。

c） 随工艺设备供应的电磁阀形式必须满足上述规定要求。安装调试时如发现不符，应进行更改。

6.4 具有故障安全要求的气动阀，必须按失气安全的原则设计。随工艺设备供应的气动阀形式，也必须满足这一要求。

6.5 调节系统下游回路输出受到调节限幅限制或因其他原因而指令阻塞时，上游回路指令应同步受限，防止发生指令突变与积分饱和。在系统被闭锁或超弛动作时，系统受其影响的部分应随之跟踪，在联锁作用消失后，系统所有部分应平衡在当前的过程状态，并立即恢复其正常的控制作用。

6.6 参与控制的反馈信号，在DCS内应设置执行机构控制信号和阀门位置反馈信号间偏差值的延续时间超过全行程时间的故障判别功能，并及时发出明显的报警信号，同时将系统由自动切为手动。

6.7 当DCS模拟量控制系统的输出指令采用4mA～20mA连续信号时，气动执行机构应根据被操作对象的特点和工艺系统的安全要求选择保护功能，当失去控制信号、仪用气源或电源故障时，应保持位置不变或使被操作对象按预定的方式动作。电动执行机构和阀门电动装置失去电源或失去信号时，应能保持在失信号前或失电源前的位置不变，并具有供报警用的输出接点。

6.8 正确设置炉膛压力防内爆超驰保护回路、风煤交叉限制回路以及直流机组的煤水交叉限制回路。

6.9 直吹式制粉系统锅炉，宜设置磨煤机启停过程中的煤量动态修正功能，减少磨煤机启停过程中的汽压波动。

6.10 确保模拟量信号质量判断报警功能设置正确、可靠。

6.11 协调控制系统及控制子系统，在正常调节工况下的偏差切手动保护功能，以及阻碍辅机故障减负荷（RB）动作方向指令变化的大偏差指令闭锁功能，在RB工况下应自动解除，防止被控制参数超出正常波动范围时，将相应的控制系统撤出自动模式。

6.12 发生满足RB触发条件的辅机跳闸后，不论机组控制系统处于何种状态，均应能触发该RB功能所对应的磨煤机跳闸逻辑。

6.13 有条件的机组，应设置汽动给水泵跳闸后电动给水泵自启的 RB 功能，提高 RB 成功率，减少负荷损失。

6.14 带有脱硫脱硝系统并设计有增压风机的机组，在 RB 动作工况下，宜考虑增压风机压力超驰控制逻辑。

6.15 空冷机组，应设计 30%负荷以上风机跳闸或凝汽器真空急剧降低的 RB 功能，具体降负荷速度通过试验确定。

6.16 进行电调系统阀门位置反馈调整时，既要考虑阀门关闭的严密性，又要考虑防止调节器出现积分饱和的可能性。

6.17 在满负荷发生高压加热器整体解列工况时，汽包锅炉的控制系统宜自动实现 RB 功能，避免机组超压。

6.18 应用高压变频器作为送/引风机、给水泵、凝结水泵等辅机自动调节执行机构时，应确保变频器的工作环境满足要求，变频器的参数整定应充分考虑系统电压波动的影响。

6.19 控制模件故障时的处理和更换，应在充分掌握控制模件特性的基础上，制订完善的安全措施。进行组态下载时，应将控制模件所控制的设备尽可能全部切至就地手动操作、隔离该控制模件的所有通信点，并强制与之对应的控制模件的联锁关系点和不同控制柜的硬接线点。

7 热工测量信号与报警

7.1 用于报警和保护的开关量信号的可靠性直接影响控制系统的可靠性，其测量回路应满足以下要求：

a） 用于机组和主要辅机跳闸保护的风、烟、粉系统压力测量，如果仅有开关仪表，其开关仪表取源部位应同时安装有引入 DCS 用于模拟量显示的仪表。当采用开关仪表信号直接接入继电器跳闸回路时，必须三重冗余配置且定期进行试验；不允许使用死区和磁滞区大、设定装置不可靠的开关仪表信号用于保护联锁。

b） 用于机组保护的发电机和电动机的断合状态信号，宜直接取自断路器的辅助接点。

c） 反映阀门、挡板状态的行程开关，由于受自身质量和工作环境的影响，容易误发信号，是保护系统中可靠性较差的发讯装置。有条件时，应采用其他能反映阀门状态的工艺参数代替或进行辅助判断（如通过执行机构位置反馈作为挡板的行程状态判别），最大限度地防止保护拒动或误动，并做好行程开关的防进水措施。

d） 控制回路的信号状态查询电压等级宜采用为 24V～48V。当开关量信号的查询电源消失或电压低于允许值时，应立即报警。当采用接点断开动作的信号时，还应将相应的触发保护的开关量信号闭锁，以防误动作。

e） 开关量仪表要求：

1） 炉膛压力保护用的正、负压力开关宜选用单刀双掷（SPDT）式，不宜选用回差大的双刀双掷（DPDT）式。

2） 流量开关精度不宜低于满量程的±1%，根据对应系统的要求，其响应时间应不大于10s。

3） 温度开关宜选用温包式，温包材料选用不锈钢，填充介质以硅油或无毒油为宜，不应选用填充水银的温度开关。温度开关的设定值应满量程可调，精度不小于满量程的±1.5%。

4） 行程开关宜选用非接触的接近开关，当选用或使用设备、阀门配套带来的接触式行程开关时，应提供开、关方向各两副以上接点的防溅型行程开关。

7.2 模拟量信号可靠性预控措施

a） 所有重要的模拟量输入信号必须采用“坏值”（开路、短路、超出量程上限或低于量程下限规定值）等方法对信号进行“质量”判别。在有条件的情况下，还应采用相关参数来判别保护信号的可信性，并及时发出明显的报警。为减少因接线松动、元件故障引起的信号突变而导致系统故障的发生，参与控制、保护联锁的缓变模拟量信号，应正确设置变化速率保护功能。当变化速率超过设定值时，自动屏蔽该信号的输出，使该信号的保护不起作用，并输出声光报警提醒运行人员。当信号恢复且低于设定值时，应自动解除该信号的保护屏蔽功能，通过人员手动复归屏幕报警信号。

b） 控制机柜内热电偶冷端补偿元件，至少应在输入模件的每层端子板上配置，不允许仅在一机柜内设置一个公用补偿器。其补偿功能应通过实际试验，确定满足通道精度要求。

c） 对于三选中或三选平均值的模拟量信号，任一点故障时，均应有明显报警和剔除功能。

7.3 热工报警信号的定值设置，应能正确反映设备运行状况，既要避免操作画面上不断出现大量无谓的报警信息，使得运行人员疲倦于对报警信号的处理，从而无法及时发现设备异常情况和通过报警去发现、分析问题，又要防止定值设置过大，不能起到预先告警作用。

7.4 DCS的报警信号，应按运行实际要求进行合理分级，其中：

a） 一级报警信号，直接在大屏幕显示器或专用画面上显示并进行声音提醒。应列入一级报警的信号包括：机组跳闸、重要控制系统的任一路电源失去或故障、气源故障、主重要参数越限、重要自动信号在联锁保护信号作用时的自动切手动，以及可能引起机组跳闸的其他故障信号。

b） 二级报警信号，通过大屏显示器或专用画面特定显示窗口显示，并提供运行人员进一步分析故障原因的诊断链接。应列入二级报警的信号包括：测量值与设定值偏差大、主要参数的设备故障、控制系统输出与执行器位置的偏差大、控制系统设备故障、控制参数越限、偏差大或故障、故障减负荷、主要辅机跳闸、一般联锁保护等影响机组正常运行控制的信号。

c） 三级报警信号，在操作站显示器（VDU）窗口显示，对机组安全经济运行影响较小，未列入一、二级报警的故障信号。

7.5 随着机组环境的运行状况的变化，机组热工报警信号须不断完善：

a） 新建机组整套启动前，调试人员应根据电厂生产准备提供的保护联锁报警清册（厂最高技术负责人审批发布），完成对机组显示参数量程和报警信号定值分组、分级、分颜色地全面整定，并开通操作员站声音报警。抽查正确率应不低于95%，否则应全部核对。

b） 新建机组试运行结束后30天内，应由运行和机务人员完成对热工报警定值的重新确认，由热控人员完成对显示参数量程和报警信号定值的全面核对、整理和修改。抽查正确率不低于98%，否则应全部核对。

c） 新建机组试生产结束后的第一次机组检修中，应由运行和机务人员提出热工报警定值修改清单，经论证批准后，由热控人员按规定的程序完成修改，删除操作员站里重复和没有必要的报警点，使定值趋向合理，确保报警信号符合运行实际需要。启动前抽查正确率应达到100%，否则应全部核对。

d） 运行机组应每两年修订一次热工报警及保护联锁定值，把核查、按规定程序完成校验报警、保护联锁定值作为一项标准项目列入机组大、小修项目中。对修改的定值进行抽查，正确率应达到100%，否则应全部核对。

7.6 进行热工报警信号的综合管理和分析研究工作，通过对报警信号功能的不断完善，提高报警信号对可能发生事故的预告能力。

8 炉膛火焰监视系统

8.1 火焰监视系统须有两路互为冗余的交流电源和冗余电源模块，任意一路电源故障时应有报警，并确保电源切换时火焰检测器不误发“无火焰”信号。

8.2 火焰检测柜内各共用电源线应环路连接；火焰检测器电源与火焰检测柜内风扇电源，应独立配置或有相应的隔离措施；每一路火焰检测器的供电回路，应有单独的熔断器或相应的保护措施。

8.3 火焰检测信号应全程可靠地投入保护，设置的延时时间不大于2s；火焰检测系统应具有自检功能，当检测系统故障时，应可靠地发出故障报警信号。

8.4 火焰检测器冷却风管道的末端冷却风压力应均匀，并安装有压力表，压力显示应大于5kPa；为节能降耗和提高火焰检测器冷却风系统的可靠性，正常运行时的冷却风可通过一次风管道或密封风管道降压获得。当采用两台火焰检测器冷却风机作为冷却风源时，其冷却风机就地控制箱内的每台风机控制电源应相互独立，并定期并列运行两台火焰检测器冷却风机，以降低火焰检测器镜头的污染或结焦程度。

8.5 配置冷却风压力低测量信号触发机组 MFT 时，

其信号应采用三选二冗余配置。

8.6 火焰检测器的视角宜在1°～18°角度范围内可调，安装时应通过安装位置与安装角度的调整，使火焰检测器在全负荷范围内均能观测到火焰。使用光纤延长的火焰检测探头，宜优先选用正常运行时具有微调火焰检测探头角度手段的火焰检测器。

8.7 安装火焰检测探头时，要防止由于前端软体部分弯曲而导致里面光纤得不到充分冷却，慢慢造成火焰检测器光纤透光性差，出现火焰检测器模拟量闪动大等异常现象。同时要充分考虑燃烧器的摆动，防止摆角超过一定角度时影响火焰检测器观察火焰的灵敏性；检修机组时，检查并确保前端软体部分处于拉直状态，火焰检测信号传输电缆应独立、屏蔽、耐高温，其屏蔽层和备用芯接地可靠，耐高温性能满足环境要求。

8.8 应在不同的锅炉燃烧工况下，对火焰检测器监视系统参数进行调整，使其在各种工况下均能可靠判断。当锅炉炉膛安全监控系统中具有“临界火焰”监视逻辑时，在没有取得经验前，其信号可只作为报警信号。

8.9 采用油角阀开度及给煤机运行信号作为火焰检测器参数切换条件的火焰检测器监视系统，除了应模拟油角阀打开及给煤机运行信号对火焰检测器参数进行调整，防止燃烧器实际无火时“偷看”背景火焰误显示有火现象外，还应合理设置油角阀关闭及给煤机停运条件下的火焰检测器参数，以避免油角阀泄漏等情况下实际火焰的漏检。

8.10 在失去电源或主控模件失效（初始化或重启）时，送往DEH、ETS、炉膛安全监控系统（FSSS）的保护接点状态应符合运行实际要求。

9 TSI装置运行维护

9.1 主机、给水泵汽轮机的TSI装置电源，应采用两路可靠的电源冗余供电并通过双路电源模件供电，实现直流侧无扰切换。当保护电源采用厂用直流电源时，应有确保寻找接地故障时不造成保护误动的措施。

9.2 TSI宜采用容错逻辑设计方法，对运行中容易出现故障的设备、部件和元件，从控制逻辑上进行优化和完善：

a） 保护动作输出的跳机信号，宜采用常开（闭合跳机）且不少于两路输出信号，至ETS系统组成或逻辑运行。

b） 600MW及以下机组，宜采用轴承的相对振动作为振动保护的信号源并优化保护逻辑（参见附录D）。为防止优化后保护逻辑的拒动，应减小报警信号定值（建议由原设计的125μm改为100μm甚至更小，综合平时振动的运行值和机组启动过临界时的值考虑）。同时，当任一轴承振动达到报警或动作值时，都应有明显的声光信号，以便振动值瞬间变化过快或有单点振动达到跳闸值时，提醒运行人员加强监视，必要时及时手动停机。

c） 在DCS显示的振动信号，宜设置偏差报警信号（建议研究偏差信号接入保护回路的可能性）。

d）汽轮机和300MW及以上机组给水泵汽轮机的轴向位移保护，原为单点信号或为二选二逻辑的，在条件允许的前提下，宜通过增加探头改为三选二（或具备同等判断功能）逻辑输出。

e）汽轮机高、中、低压胀差为单点信号保护的，为防止干扰信号误动，可设置10s～20s延时（较长的延时时间可在ETS或DCS中设置）。为加强信号坏点剔除保护功能，建议胀差信号量程不高于跳机值的110%。如设计有两点胀差信号，其保护信号宜采用与门逻辑。

f）汽轮机缸胀应有报警信号，如设计有单点信号保护，则建议取消。

g）风机振动单点信号保护，在有可能的情况下，改为三选二优选逻辑或二选二与逻辑。

h）TSI的输入信号通道，应设置断线自动退出保护逻辑判断的功能。

i）为防止干扰而在TSI信号输入端增加隔离器时，应对隔离器电源接入方式的可靠性和引起信号衰减或失真的程度进行验证。

9.3 TSI系统连接线路的规范性，是保证TSI系统可靠运行的基础，一般可从以下方面进行检查完善：

a）新安装或检修更换传感器时，应选择不带中间接头且全程带金属铠装保护的传感器电缆（即传感器和延伸电缆一体化），否则须有可靠措施（如采用热缩管绝缘)，确保传感器尾线与延长电缆的同轴电缆连接头绝缘，延伸电缆的固定与走向合理，无损伤隐患；汽轮机引出处确保密封，至接线盒的沿途信号电缆，应远离强电磁干扰源和高温区，并有可靠的全程金属防护措施。

b) 轴向位移、差胀传感器的安装、检修、调试应在机务的配合下进行，并在安装、检修、调试记录中签字。

c) 安装前置放大器的金属盒应选择在较小振动并便于检修的位置，盒体底座垫10mm左右的橡皮后固定牢固（避免传感器延长线与前置器连接处，由于振动引起松动，造成测量值跳变)，盒体要可靠接地。

d) 前置放大器应安装于金属箱中（本特利前置放大器务必浮空)，箱体须妥善接地。检查接口和接线应紧固；输出信号电缆宜采用（$0.5mm^2 \sim 1.0mm^2$）普通三芯屏蔽电缆（环境温度超过50℃时，应选用耐高温阻燃屏蔽电缆)，且其屏蔽层在汽轮机现场侧应绝缘浮空；若采用四芯屏蔽电缆，备用芯应在机柜端接地。电缆屏蔽层应直接延伸到机架的接线端子旁，尽量靠近框架处破开屏蔽层，并将屏蔽线直接接在机架的COM或Shield端上。

e) 通常，COM与机架电源地在出厂时，缺省设置为导通，整个TSI系统是通过电源地接地，因此与其他系统连接时，应把TSI系统和被连接的系统作为一个整体系统来考虑，并保证屏蔽层为一点接地。如通过记录仪输出信号（4mA～20mA）与第三方系统连接时，须确认COM端在第三方系统中的情况，如果COM浮空（作了隔离处理），则可保持各自的独立接地；如COM端在第三方系统中未浮空，则TSI侧的COM端需要浮空，TSI供电的电源地仍然保留以保证安全，但此时电源地只作安全地，不再兼作仪表地。

f） 缸胀与串轴的报警和跳闸输出，选择了总线输出方式时，应进行断开检查确认。

g） 机组启动过程中，当汽轮机过临界转速时，其振动有可能比正常运行时大得多，为了避免出现人为投切保护，应充分利用装置的定值倍增功能或自适应功能。

h） 超速保护信号，应采用三路全程独立的转速信号进行三选二逻辑判断（在TSI框架内或DEH内）。

9.4 完善TSI系统的安装检修和运行维护管理：

a） TSI探头第一次安装前和校验周期到期后的检修安装前，应提交有资质的检定机构出具的正式校验合格报告。

b） TSI系统的涡流探头、延长电缆和前置器，须成套校验并随机组大修进行，但瓦振探头的校验周期不宜超过两年。

c） 运行时对振动等信号应定期检查历史曲线，若有信号跳跃现象，应引起高度重视，及时检查传感器的各相应接头是否松动或接触不良，电缆绝缘层是否有破损或接地，屏蔽层接地是否符合要求等，并进行处理。

d） 联锁试验时，对每个轴振保护进行一一确认（对既有硬逻辑又有软逻辑的保护系统，联锁试验单上要特别注明，并分别进行试验）。

e） 汽轮机、风机启动或运行中，一旦出现TSI信号异变，应立即通知热控人员，检查原因并保存异常现象曲线，注明相关参数后归档。

f） 如果存在模件故障，在重新下载组态前，应确认系统可以自动更新组态，否则应人工确认组态参数的版本正确。

g） 定期测量各TSI测点的间隙电压，结合当前状态与以前的记录进行比对分析；机组停机期间紧固各个TSI测点的安装套筒，偏离标准间隙电压较大的测点在条件允许的情况下，应进行重新安装。

10 汽包水位测量与保护

10.1 汽包水位测量系统，应在满足《防止电力生产重大事故的二十五项重点要求》（国电发［2000］589号）和相关规程要求的基础上，进行完善和优化。

10.2 水位取样装置与管路安装应满足以下要求：

a） 每个水位取样装置都应具有独立的取样孔。取样孔不够时可使用多测孔技术，实现取样的独立性。用于保护和控制的各汽包水位测量回路均应全程独立配置。

b） 汽包水位测量系统，必须采用彼此独立的两种及以上工作原理共存的配置方式。控制室内除DCS

监视汽包水位外，至少还应设置独立于 DCS 且配备独立电源的汽包水位后备显示仪表。

c） 用于保护和控制的汽包水位测量信号取样装置，应连接汽包非同一端头的三个取样孔（如同一端头需两个取样口，其间距离应保持在 400mm 以上）。

d） 汽、水侧取样一次阀门，必须为两个工艺截止阀串联，其门杆应处于水平位置；排污阀宜采用两个阀门串联连接。

e） 取样阀门及取样管的通流内径应不小于 25mm。当管长大于 500mm 或管弯曲时，其内径应不小于 50mm，以减少虚假水位的产生。

f） 就地电接点式水位计，汽侧取样管应斜上汽包取样孔侧，水侧取样管应斜下汽包取样孔侧。差压式水位计，汽侧取样管应斜下汽包取样孔侧，水侧取样管应斜上汽包取样孔侧。

g） 汽包水位停炉保护动作值，距汽包水位计汽、水侧取样管孔位置，应保持不小于 30mm 的裕量。

h） 连接变送器的正压侧取样管宜从平衡容器低于汽侧取样管的侧面引出，水平延长不小于 400mm 以后再向下引伸，至变送器的仪表管路水平段，应保持有 1∶100 向下倾斜，距离控制在 10m 以内为宜。

i） 汽包水位的汽、水侧取样管和取样阀门均应有良好保温。单室平衡容器及其输出 40mm 参比水柱段的仪表管不应保温。双室容器的正压取样管以上部位及输出 40mm 参比水柱段的仪表管不应保温，以下均应保温。引到差压变送器的两根仪表管应平行敷设，如需要采取防冻措施，应从平衡容器输出仪表管接近环境温度处开始共同保温直到变送器柜，并确保伴热设施对正负压侧仪表管的伴热均匀，任何情况下不会引起介质产生温差。

10.3 水位测量系统的运行检修维护，应满足以下要求：

a） 汽包水位测量误差，部分来源于冷凝筒安装位置上的偏差和冷、热两态情况下位置的偏移。因此，除安装时应由具有丰富机械安装经验的人员严格把关，确保安装位置准确外，机组检修时应对冷凝筒安装位置标高分别进行冷、热两态情况下测量，如有偏差，则以热态测量数据进行替换，或安装可调的T形支架用于热态调整。

b） 为提高汽包水位测量的准确性，机组检修时应利用汽包人孔门的开启机会，检查汽包内水痕迹或其他有效的方法，核对汽包水位测量显示的零位值偏差并进行修正。

c） 机组停运时，通过打开平衡门，关闭二次阀门的方式检验变送器是否有零点漂移。进行水位变送器校验前，必须清理干净变送器膜盒内的积水。

d） 在锅炉启动前完成汽包水位保护实际传动试验后，应确保差压式水位测量装置参比水柱的形成，点火前汽包水位保护必须投入运行。

e） 为防止因管路结垢、未起压时排污而造成管路堵塞的情况发生，汽包水位变送器的排污应在停炉或起压期间、当汽包压力为1MPa～2MPa时进行。

f） 汽包水位控制系统应优化组态和调整，进行必要的扰动试验，确保RB工况等大负荷扰动时不会引起水位保护动作。

g） 锅炉启动时，以电极式汽包水位计为主要监视仪表。锅炉启动过程与正常运行中，应定时记录各汽包水位计的显示值，并比较之间的示值偏差。当同测量原理水位计的偏差超过30mm时，应分析、查找原因并处理。严禁根据就地水位计显示修正变送器显示偏差。当水位计不能为运行人员提供水位的正确判断，或汽包水位控制和保护功能均失去时，必须立即停炉处理。

h） 运行中用红外测温仪测量正在运行的单室平衡容器的外壁温，如果上下壁温差不够大，可以认为取样管疏水不通畅。倾斜度不满足要求时，可在机组检修时增加取样管的倾斜度。

i） 根据季节温度及时投用和停用电伴热装置，并将伴热带检查作为入冬前的常规安全检查项目。

j） 在对所有影响汽包水位的外界因素进行整治处理后，若汽包水位偏差仍不能消除，则应对汽包水位补偿公式的正确性进行检查、核对。

10.4 为保证水位保护系统的可靠性，应对水位保护系统逻辑进行优化：

a） 水位保护信号的产生，宜采用差压式水位计保护接点信号三选二判断逻辑，或差压式水位计模拟量信号三选中判断后的保护接点和二侧电接点水位计保护接点信号组成三选二判断逻辑。为减少因压力补偿信号引起的水位测量示值偏差，应采用三选中后的汽包压力信号对各汽包水位差压信号分别进行补偿。

b） 汽包水位测量信号若在模拟量控制系统（MCS）中，则应将水位保护信号三选二逻辑判断也组态在 MCS 系统中，FSSS系统中只组态汽包水位 MFT 动作逻辑。用于保护与控制的信号，除采用通信方式外，还应通过硬接线方式进行传输。

c） 用于保护、控制的锅炉汽包水位信号，应在DCS中设置坏质量（速率、越限、偏差大）判断和报警，实现水位保护、控制信号判断逻辑的自动切换。当有一点退出运行时，判断逻辑应自动转为二选一的方式，并办理审批手续，限期恢复；当有两点因某种原因须退出运行时，判断逻辑应自动转为一选一的方式，控制应由自动调节转为手动调节，并执行已制订的相应安全运行措施，经总工程师批准，限期恢复，如逾期不能恢复，应立即停止锅炉运行。

d） 锅炉汽包水位保护的定值和延时值，随炉型和汽包内部结构不同而不同，其数值应由锅炉制造厂负责确定。为防止虚假水位引起保护的误动作，延时值在制造厂未提供或经运行证明偏差较大的情况下，可在计算试验的基础上，设置不超过 10s 的延时，并设置不加延时的保护动作二值。

e） 采用外置式平衡容器的差压式水位测量系统，

应在汽包水位计算公式中对参比水柱平均温度设置不同的温度，以便对不同季节的环境温度进行修正、调整。

10.5 采用内置式平衡容器、电加热测量筒等水位测量新技术，可消除环境温度变化产生的偏差，提高测量准确性，实现同侧各汽包水位计间的偏差在任何工况下均小于30mm的要求。

10.6 根据燃烧调整试验结果和采用新的测量技术测得的汽包水位数据，验证了汽包二侧水位偏差与炉内燃烧有关。热控专业应配合锅炉专业研究，探讨通过改变运行工况来减小二侧水位偏差的方法。

11 硬接线设计和后备监控设备

11.1 FSS、ETS和GTS的执行部分必须由独立于DCS（或PLC）的安全型继电器（或经多年运行证明是安全可靠的继电器）、按故障安全型的原则设计、能接受三重冗余或二路并串联（2×2）冗余的解列指令信号进行三选二或2×2判别的硬接线逻辑回路组成。

11.2 单元机组保护发出的锅炉、汽轮机和发电机的跳闸指令，以及联跳制粉系统、油燃烧器、一次风机、给水泵汽轮机、关闭过热器和再热器喷水截止阀、调节阀等的重要保护信号，不应通过安全等级较低的其他控制系统处理后再转传至安全等级较高的保护系统，或仅通过通信总线传送，还应通过硬接线直接接至相应控制对象的输入端（参见附录C）。

11.3 输入ETS、MFT的保护动作信号必须专用，通过硬接线直接接入。汽轮机润滑油压力低联锁信号应同时连接 DCS 输入通道和油泵的电气启动回路。

11.4 从不同控制单元获取的重要设备的联锁、保护信号，应采用硬接线接入，必要时可采用硬接线与通信信号进行或逻辑判断，以提高可靠性。

11.5 为确保控制系统故障时机组安全停运，单元机组至少应设计独立于分散控制系统的下列配置：

a） 后备监视仪表：锅炉汽包电接点水位表、水位电视监视器（直流炉除外）和炉膛火焰电视监视器。

b） 双后备操作按钮：必须有两个独立的操作按钮接点串接，且每个按钮输出两副及以上接点，在送入 DCS 系统（或独立的保护控制器）的同时，直接连接至独立于 DCS 控制对象执行部分继电器的逻辑回路。应配置双后备操作按钮的有：紧急停炉按钮（手动 MFT）、紧急停机按钮（手动 ETS）、发电机解列按钮（手动 GTS）。

c） 单后备操作按钮：接点信号在送入 DCS 系统的同时，直接作用于 DCS 控制对象的单个强电控制回路。至少应配置单后备操作按钮的有：手动启座锅炉安全门按钮（机械式除外）、汽包事故放水门手动按钮、凝汽器真空破坏门按钮、交流润滑油泵启动按钮、直流润滑油泵启动按钮、停汽动给水泵按钮、启动柴油发电机。

12 电源系统

12.1 分散控制系统正常运行时，必须有可靠的两路独立的供电电源，优先考虑单路独立运行就可以满足控制系统容量要求的二路不间断电源（UPS）供电，正常运行时各带一半负荷同时工作，确保电源切换对系统不产生扰动。当采用一路UPS、一路保安电源供电时，如保安电源电压波动较大，应增加一台稳压器以稳定电源。

12.2 UPS供电主要技术指标应满足DL/T 774的要求，并具有防雷击、过电流、过电压、输入浪涌保护功能和故障切换报警显示，且各电源电压宜进入故障录波装置和相邻机组的DCS系统以供监视；UPS的二次侧不经批准不得随意接入新的负载。

12.3 分散控制系统应设立独立于DCS系统的电源报警装置。机柜两路进线电源及切换/转换后的各重要装置与子系统的冗余电源均应进行监视，发生任一路总电源消失、电源电压超限、两路电源偏差大、风扇故障、隔离变压器超温和冗余电源失去等异常时，控制室内电源故障声光报警信号均应正确显示。

12.4 为保证硬接线回路在电源切换过程中不失电，提供硬接线回路电源的电源继电器的切换时间应不大于60ms。

12.5 UPS电源装置应与DCS的电子机柜保持空间距离，自备UPS的蓄电池应定期进行充放电试验。

12.6 重要的热控系统双路供电回路，应取消人工切换开关；所有的热控电源（包括机柜内检修电源）必须专用，不得用于其他用途。严禁非控制系统用电设备（如呼叫系统）或干扰大的系统或设备（如伴热电源）连接控制系统的电源装置。保护电源采用厂用直流电源时，应有发生系统接地故障时不造成保护误动的措施。

12.7 所有装置和系统的内部电源切换（转换）可靠，回路环路连接，任一接线松动不会导致电源异常而影响装置和系统的正常运行。

12.8 电源配置的一般原则：

a） 分散控制系统电源应优先采用直接取自UPS A/B段的双路电源，分别供给控制主、从站和I/O站电源模件的方案，避免任何一路电源失去引起设备异动的事件发生。

b） 操作员站、工程师站、实时数据服务器和通信网络设备的电源，应采用两路电源供电并通过双电源模块接入，否则操作员站和通信网络设备的电源应合理分配在两路电源上。

c） MFT、ETS和GTS等执行部分的继电器逻辑保护系统，必须有两路冗余且不会对系统产生干扰的可靠电源。

d） 独立配置的重要控制子系统［如ETS、TSI、给水泵汽轮机紧急跳闸系统（METS）、给水泵汽轮机控制系统（MEH）、火焰检测器、FSS、循环水泵等远程控制站及I/O站电源、循环水泵控制蝶阀等］，必须有两路互为冗余且不会对系统产生干扰的可靠电源。

e）独立于DCS的安全系统的电源切换功能，以及要求切换速度快的备用电源切换功能不应纳入DCS，而应采用硬接线逻辑回路，例如：

1）硬接线保护逻辑的供电回路；

2）安全跳闸电磁阀的供电回路；

3）直吹式制粉系统（给粉机或给煤机）的总电源回路。

f）冗余电源的任一路电源单独运行时，应保证有不小于30%的裕量。

g）公用DCS系统电源，应取自不少于两台机组的DCS系统UPS电源。

12.9　当采用$N+1$电源配置时，应定期检查确认各电源装置的输出电流均衡，防止因电源装置负荷不均衡造成个别电源装置负荷加重而降低系统可靠性。

12.10　应将热控系统交、直流柜和DCS电源的切换试验，电源熔断器容量和型号（应速断型）与已核准发布的清册的一致性，数字输入（DI）通道熔断器的完好性，电源上下级熔比的合理性，电源回路间公用线的连通性，所有接线螺栓的紧固性，动力电缆的温度和各级电源电压测量值的正确性检查和确认工作，列入新建机组安装和运行机组检修计划及验收内容，并建立专用检查、试验记录档案。

12.11　完善不同电源中断后的恢复过程操作步骤与安全措施。部分电源中断后，在自动状态下的相关控制系统以切手动为妥，恢复过程应在密切监视下逐步进行。

12.12 分散控制系统在第一次上电前，应对两路冗余电源电压进行检查，保证电压在允许范围之内。电源为浮空的，还应检查两路电源其零线与零线、火线与火线间静电电压不应大于70V，否则在电源切换过程中易对网络交换设备、控制器等造成损坏。

12.13 机组C级检修时应进行UPS电源切换试验，机组A级检修时应进行全部电源系统切换试验，并通过录波器记录，确认工作电源及备用电源的切换时间和直流供电维持时间满足要求。

13 气源系统

13.1 仪用空气压缩机必须冗余配置，气源母管及控制用气支管材质应满足防腐、防锈要求；所有用气支管和测量仪表均应有隔离阀门，气源储气罐和管路低凹处应装有自动疏水器。

13.2 仪用压缩空气系统的运行、压力、故障等信号，应引入对应单元控制系统（或辅助车间控制系统）进行监控和声光报警。为防止输出继电器、通道或中间控制回路失常而导致仪用空气压缩机系统运行异常，DCS控制空气压缩机的启停指令应为短脉冲信号，空气压缩机就地控制装置应具有自保持功能。

13.3 气源管路途经温度梯度大的场所（高温到低温或室内到室外）时，其低温侧管路应有良好保温。布置于环境温度有可能低于0℃的设备，所处位置的气动控制装置应加设保温间和伴热，以免结露、结冰，引起设备拒动或误动。

13.4 仪用气源母管以及送到设备使用点的压力，应自动保持在450kPa～800kPa范围内，满足气动仪表及执行机构工作的压力要求。气源质量应符合GB 4830的有关规定和指标。

13.5 定期清理或更换过滤器滤网，保持装置通风良好；定期维护并检查，确认气源仪控设备和管路无泄漏、自动疏水功能和防冻措施可靠，气动设备前的减压过滤装置工作正常。

13.6 定期试验，确认报警和保护功能正常；当空气压缩机全部停用时，储气罐容量能保证仪控设备正常工作不少于10min。

13.7 仪控气源不得挪作他用，当用杂用气源作为后备时，应采取相应的安全措施。仪控气源质量在每年入冬前应进行测试。

13.8 仪控气源管路、阀门的标志齐全，内容准确。

14 电缆与接线

14.1 热控系统DCS电子室设计无电缆夹层时，其电缆桥架应设计供检修维护用人行通道。

14.2 所有进入DCS的信号电缆，除必须采用具有权威部门质量检定合格的阻燃屏蔽电缆外，还应符合下列原则：

a） 机组的后备硬手操停炉和停机线路电缆，应采用阻燃（A级）电缆。

b） 长期运行在高温区域（超过60℃）的电缆（汽轮机调节阀、主汽阀关闭信号、火焰检测器等）和补偿导线（机侧主蒸汽温度、汽缸或过热器壁温等），应使用耐高温特种电缆或耐高温补偿电缆。

c） 保护系统和油系统禁用普通橡皮电缆；进入轴承箱内的导线应采用耐油、耐热绝缘软线。

d） 严禁热控系统的电源和测量信号合用电缆，冗余设备的电源、控制和测量信号电缆均须全程分电缆敷设。

e） 长距离通信电缆应采用光缆。

14.3 控制和信号电缆的安装敷设，除须符合DL/T 5182、DL/T 5190.5和DT/L 774的要求外，还应满足下列要求：

a） 合理布置动力电缆和测量信号电缆的走向，允许直角交叉方式，但应避免平行走线，如无法避免，除非采取了屏蔽措施，否则两者间距应大于1m。

b） 竖直段电缆必须固定在横档上，且间隔不大于2m。

c） 对电缆敷设沿途可能发生因机务设备介质泄漏而损伤电缆的场所，或与热控的汽、水、油测量管路间，应有隔离等安全防护措施。

d） 通信电缆应采用独立的电缆槽盒或增加金属隔离层。

e） 一次元件引线应有防止振动摩擦、过热损坏绝缘，或导致断线、接线松脱开路的措施。

f）通常电缆不应有中间接头，如必需则应按工艺要求对电缆中间接头进行冷压或焊接连接，经质量验收合格后再进行封闭；补偿导线敷设时，中间不允许有接头。

g）重要信号的电缆屏蔽层，应尽可能接近接线端子处破开。破割电缆外皮时，应防止损伤芯线绝缘层。

14.4 电缆的连接

a）除非控制系统制造商有特殊要求，否则控制与测量信号电缆屏蔽层应保持良好的单端接地，屏蔽层接至信号源的公共端，避免形成屏蔽层环路，增加抗干扰能力。

b）控制与测量信号电缆的屏蔽层不应作为信号接地线，以防止电缆屏蔽层产生磁场感应电流而形成干扰。

c）现场接线箱、盒过渡连接时，电缆的屏蔽线应通过端子可靠连接，保证电气连续性。

d）每个接线端子接线不得超过2根。

e）所有电缆的备用芯应无裸露现象。机柜内重要控制、保护电缆的备用芯应可靠接地。

14.5 应列入基建机组电缆安装质量验收和运行机组A级检修电缆检修质量验收并建档的内容至少包括：

a）热控电源、重要保护系统电缆的绝缘测量。

b）通信双绞线的长度、连接接法、回波等性能测试。

c）接线的安全性（多股线连接处无毛刺、电缆皮割开处的电线外皮无损伤）检查。

d）机组检修过程中，手轻拉电缆接线，检查通信电缆接头，确认热控系统（尤其是重要保护、控制回路）的接线和通信电缆接头紧固。

e）电源回路及连接点的发热情况。

f）检查光缆的弯曲半径，符合规定要求。

g）测试系统的共模、差模干扰电压值，对实际测得的最大共模干扰电压值大于输入模件抗共模干扰电压能力60%的回路，进行检查和处理。

15 取样装置和管路

15.1 用于高温高压管道和容器上的测量元件温包、压力取样部件的材质，以与管道同种材料为宜，安装前进行金相检验。取样一次阀，应为两个工艺阀门串联连接，安装于取样点附近且便于运行检修操作的场所。排污门也宜采用两个排污门串联连接。

15.2 炉膛压力不允许集中取样，其3个正压和3个负压取样点应分别置于锅炉前墙、左墙及右墙，并通过独立的取样管接至不同的压力开关。取样点与人孔、看火孔和吹灰器间应有足够的距离，且各取样点应在同一标高，取样管直径应不小于60mm，与炉墙间的夹角小于45°为宜。为避免取样管内积灰堵塞，应采取防堵措施。

15.3 汽轮机润滑油压测点须选择在油管路末段压力较

低处，禁止选择在注油器出口处，以防止末端压力低，而取样点处压力仍未达到保护动作值而造成保护拒动的事故发生。

15.4 冗余信号从取样点到测量仪表的全程，均应互相独立分开设置。

15.5 测量蒸汽或液体介质的仪表，应安装于测点下方且便于维护、环境条件满足要求的场所。测量真空或风压的仪表应安装于测点的上方，如只能安装在测点的下方，则末端应保证有足够容量的聚水空间并定期排水。管路敷设坡度应符合 DL/T 5190.5 的要求，不允许出现可能引起积气（测量蒸汽或液体介质时）或积水（测量气体介质时）的管路弯曲，否则应装设排气、排水装置。

15.6 含有粉尘或悬浮物介质（炉膛压力、一次风压、开式循环水压力等）的取样装置和管路，应有防堵和吹扫（洗）措施；风、烟、粉系统一次测量元件，应有防止振动和被测介质冲刷、磨损而造成损坏的措施。

15.7 敷设在气温较低处的取样装置和管路，必须有防冻或防介质过稠而导致传压迟缓的措施；用于保护的气动阀门，其控制气源管的通径应不小于 10mm。

15.8 热控系统的防护措施应符合 DT/L 744 的要求。

15.9 易燃易爆场所的测量仪表、接线盒均应符合防爆要求。易腐蚀、堵塞的测量管路应增大取样管路和测量管路管径，以保证介质流速，防止管路堵塞。

16 热控设备环境及防护

16.1 防雷接地技术措施

a）易受雷电干扰的系统，应请电气专业配合选择合理的位置安装防浪涌保护器，或确认已安装防浪涌保护器的位置合理。

b）金属导体，电缆屏蔽层及金属线槽（架）等，由露天场地（循环水泵房等）进入电缆隔层的金属电缆桥架（线槽）及电缆屏蔽层等，应满足 a）要求或采用等电位连接。其保护信号的屏蔽电缆，应在屏蔽层两端及雷电防护区交界处做等电位连接并接地。当采用非屏蔽电缆时，应敷设在金属管道内并埋地引入，金属管应具有电气导通性，并应在雷电防护区交界处做等电位连接并接地，其埋地长度应符合规定要求。

c）光缆的所有金属接头、金属挡潮层、金属加强芯等，应在入户处直接接地。

d）电子室内信号浪涌保护器的接地端，宜采用截面积不小于 1.5mm^2 的多股绝缘铜导线，单点连接至电子室局部等电位接地端子板上；电子室内的安全保护接地、信号工作接地、屏蔽接地、防静电接地和浪涌保护器接地等，均连接到局部等电位接地端子板上。

16.2 机柜接地措施

a）DCS 单独设置接地网时，专用接地网应满足一定的规格要求，周围不允许有大型电力设备及其接地极；DCS 不设置专用接地网而利用全厂公用接地网时，

DCS的总接地极所处的一定范围内（该范围距离由DCS厂家提供）不得有高电压强电流设备的安全接地和保护接地点。

b）杜绝DCS与动力设备之间的共通接地。DCS系统的总接地铜牌到DCS专用接地网之间的连接，需采用导线截面积满足厂家要求的多芯铜质电缆。

c）DCS机柜接地应严格遵守有关规程、规范和制造厂的技术要求。与建筑物钢筋不允许直接连通的DCS机柜，应保持与安装金属底座的绝缘，所有机柜的外壳、电源地、屏蔽地和逻辑地应分别接到机柜的各接地线上，再通过导线截面积满足制造厂规定要求的多芯铜质电缆，以星形连接方式汇接至接地柜的铜牌上，整个接地回路不得出现多点接地，接地连接处紧固，接地电阻严格满足DCS厂家要求。与楼层钢筋可直接连通的DCS机柜，其安装底座应与楼层钢筋焊接良好，DCS机柜除了与安装底座用螺栓紧固外，还应通过导线连接至接地点，两端采用压接方式连接紧固。

d）对于接入同一接地网的热控设备，可以采用电缆连接，但需要保证接地网的接地电阻满足要求，实现等电位连接；对于分开等电位连接（未接入同一接地网）的本地DCS机柜和远程DCS机柜之间的连接，应使用无金属的纤维光缆或其他非导电介质。

e）具有“一点接地”要求的控制系统，应保证整个控制系统的接地系统最终只有一点连接地网，并满足接地电阻的要求。

f） 机柜内部的接地应采用导线直接连接至机柜接地排；远程控制柜或 I/O 柜应就近独立接入电气接地网；现场测量控制系统设备接地按规定要求连接，烟囱附近的热控设备接地不得连接烟囱接地系统。

g） I/O 信号的屏蔽线要求单端接地。信号端不接地的回路，其屏蔽线应直接接在机柜接地线上；信号端接地的回路，其屏蔽线应在信号端接地。

h） 具有“一点接地”要求的控制系统，机组 A 级检修时，应在解开总接地母线连接的情况下，进行 DCS 接地、屏蔽电缆的屏蔽层接地、电源中性线接地、机柜外壳安全接地 4 种接地系统对地的绝缘电阻测试，以及接地电极接地电阻值测试。各项数值应满足有关规程、规范的技术要求。

16.3 热控系统中的数字地（各种数字电路的零电位）应集中接到一点数字地，以减小对模拟信号的干扰；同样，各模拟电路的模拟地（变送器、传感器、放大器、A/D 和 D/A 转化器等模拟电路的零电位）也应集中连接到一点模拟地，然后模拟地和数字地再汇集至接地铜牌上。

16.4 易受雷击的地区，室外变送器应有耐瞬变电压保护功能或加装防雷击措施（如加装压敏感电阻等），并确保电缆护套软管与护套铁管连接可靠。每年雷雨季节来临之前，应认真全面检查外围控制系统接地，确保外围控制系统的接地与厂内主接地网相连并满足有关技术要求，防止雷电干扰影响机组控制系统稳定运行。

16.5 热控设备环境

a） 运行在高温区域的行程开关（如主汽门、调门等）必须由耐高温材料制成，禁止使用塑料行程开关。

b） 现场设备应有可靠的防水、防尘、防振、防高温、防火、防腐蚀措施。

c） 控制室、电子室和工程师站必须装有温度计和湿度计，孔洞封堵可靠，屏柜上方应有防漏水措施；机柜内防尘滤网通风状态良好，温度高报警信号设置正确，环境条件满足热控系统工作要求。

d） 清扫模件时，要确保防静电措施可靠，吹扫气体宜采用氮气，或有过滤措施，干燥度和压力满足要求，吹扫后模件及插槽内应确保清洁。

e） 备品备件保管环境，应符合温度、湿度和防静电要求。

16.6 防干扰

a） 可能会因干扰而导致保护联锁系统误动的外置探头，均应安装有屏蔽防护罩。

b） 机组运行中，易受干扰的测量元件、仪表、传感器处应贴有警示牌，严禁磁性物体接近测量元件，在离测量元件 5m 处严禁使用步话机通话。控制系统电子室、工程师站内不宜使用手机。

c） 对可能引入谐波污染源的检修段母线电源、照明段母线电源等加装谐波处理装置，以防止其他设备使用检修段电源时产生的谐波污染干扰热控系统工作。

d） 应做好由于电焊机作业可能造成的谐波污染干

扰热控系统的防范措施。

e）机组运行中，参与保护联锁的现场设备和机柜，在试验确定的距离内，不宜进行电焊作业，不宜使用手提机械转动、切割工具进行作业。如必须进行作业，需制订并做好相关的安全防护措施。

16.7 防人为误动

a）现场及控制台、屏上的紧急停机停炉操作按钮，均应有防误操作安全罩。

b）现场柜盒及电子室控制柜门上，均应有名称及醒目的安全等级标识。

c）热控系统现场设备标识牌，应通过颜色标识其重要等级。所有进入热控保护系统的就地一次检测元件以及可能造成机组跳闸的就地元部件，其标识牌都应有明显的高级别的颜色标志，以防止人为原因造成热工保护误动。

d）机柜内电源端子排和重要保护端子排应有明显标识。机柜内应张贴重要保护端子接线简图以及电源开关用途标志铭牌。线路中转的各接线盒、柜应标明编号，盒或柜内应附有接线图，并保持及时更新。

e）工程师站、DCS 电子间等场所，应制定完善的管理制度，有条件的应装设电子门禁，记录出入人员及时间。

17 控制系统故障应急处理预案

17.1 为了建立高效的热控设备故障应急处理机制，以确保机组运行过程中发生控制系统故障时能够迅速、可靠地组织故障处理，最大限度地降低故障造成的影响，火电厂必须根据本厂配置的具体情况，参见附录D的相关内容，制订切实可操作的热控系统应急处理预案，并定期进行反事故演习。

17.2 控制系统故障应急处理预案，应贯彻“安全第一，预防为主，综合治理”的方针，坚持以热控设备的危险预测和预防为基础，保障人身、设备、电网安全为目标，建立控制系统故障时的应急处理机制和长效管理机制。

17.3 编制控制系统故障应急处理预案时，应辨识可能发生的重大事故风险，分析该风险可能对系统产生的影响，对应急处理风险的能力进行评估。一般根据故障可能造成的后果，将危险源分为两级，处理不及时会引起机组跳闸的为Ⅰ级；暂时不会引起机组跳闸，但处理不当会使得事故扩大并引发机组跳闸的为Ⅱ级，并将控制系统重大危险源进行分级列表。

17.4 根据控制系统重大危险源分级列表，编制一一对应的现场应急处置方案，并经演习验证正确且具有可操作性。

17.5 制订DCS或DEH系统故障时的处理措施与安全对策，内容应包括：

a） 全厂或机组厂用电消失时的事故处理与恢复。

b） 全厂直流电源消失时的事故处理与恢复。

c） 全部操作员站显示器“黑屏”或“死机”。分

DCS停机、停炉指令已发出和未发出（如电源消失、控制器脱网异常）两种事件的处理与恢复。

d） 部分操作员显示器出现“黑屏”或“死机”故障的处理与恢复。

e） 主要控制系统一对冗余控制器（或电源装置）发生故障时的事件处理与恢复。

f） 一对冗余的DEH控制器（或电源装置）发生故障，停机指令发出及未发出两种事件的处理与恢复。

g） 一条网络或网络设备（包括数据总线）发生故障时的事件处理与恢复。

h） 发生通信故障时，对于配有主、备时钟站的系统处理与恢复。

i） MFT、ETS和GTS跳闸继电器回路失电而机组没有跳闸时的事件处理与恢复。

j） 多机一控时，发生上层网络全部故障事件时的处理与恢复。

18 定期试验与管理

18.1 新（改、扩）建机组启动前，或运行机组A级检修后，均应根据DL/T 659和DL/T 774的要求，进行控制系统基本性能与应用功能的全面检查、试验和调整，以确保各项指标达到规程要求。整个检查、试验和调整时间，大修后机组整套启动前至少应保证72h，小修后机组整套前应保证36h。为确保控制系统的可靠运行，该检查、试验和调整的总时间应列入机组检修计划，并予以充分保证。

18.2 为促进热控过程工作的科学化、规范化、精细化管理，提高机组安全经济运行的可靠性，热控系统与设备应从设计、基建和生产准备阶段开始，按可靠性要求进行分类、配置、编制清册和台账，调试阶段完善，机组运行过程中实施管理。

18.3 为提前发现和处理电力建设与生产过程中的热控系统安全隐患与质量问题，减少遗留缺陷，提高热控系统运行可靠性，热控系统应在做好 18.2 的基础上，开展电力建设与生产运行过程的设备可靠性评估工作。

18.4 各级组织应执行 DL/T 1056 的规定，提高技术监督管理力度，使技术监督贯穿于初步审查、设备选型、设计、安装、调试、运行维护的全过程，确保监控参数准确、策略合理、控制有效和系统运行可靠。

18.5 测量仪表的校验周期，应按照国家和行业标准规定，结合仪表实际调前合格率（未经任何调整前的仪表校验误差满足规定的精度要求）、仪表质量、重要性分类级别及实际可行性进行制定并实施。

18.6 根据仪表调前记录评定等级并经批准，测量仪表的校验周期可适当缩短或延长。同一制造厂的同一类且同一量程仪表，在其原校验周期内的调前合格率统计低于 80%时，应在原确定的校验周期上缩短半个周期；在其原校验周期内的调前合格率统计达到 95%时，可在原校验周期上延长半个周期。在其原校验周期内的调前优表率（仪表调整前校验误差小于 2/3 允许误差）统计达到90%时，可在原校验周期上延长一个周期。

18.7 在不影响机组安全运行的前提下，仪表检查和校验可在运行中逐个进行。在运行中不能进行的，则随机组检修同时进行。若现场条件许可，仪表运行质量检查可采用状态（零点和运行点）核对方式；状态核对达不到要求的测量系统，则进行单体仪表的常规性校验。

18.8 为规范热工保护联锁系统试验过程，减少试验操作的随意性，确保试验项目或条件不遗漏，应编制规范的保护联锁试验操作卡（操作卡上对既有软逻辑又有硬逻辑的保护系统应有明确标志）；检修、改造或改动后的控制系统，均应在机组启动前，严格按照修改审核后的试验操作卡逐条进行试验。

18.9 热工保护联锁试验中尽量采用物理方法进行实际传动；如条件不具备，可在测量设备校验准确的前提下，在现场信号源点处模拟试验条件进行试验，但禁止在控制柜内通过开路或短路输入端子的方法进行试验。

18.10 汽轮机超速、轴向位移、振动、低油压、低真空等保护系统，每次机组检修后的启动前，应执行DL/T 1012规程要求，进行静态试验，以检查跳闸逻辑、报警及停机动作值的正确性。所有保护信号用传感器的检验应在规定的有效检验周期内完成。

18.11 配置双通道输出的ETS，应确保双通道间闭锁功能可靠（确保A、B通道试验时不会同时动作），运行中应定期进行ETS在线试验，并建立试验档案。

18.12 为防止机组超速隐患，必须通过规范试验，确认电调系统的响应时间在允许范围内，伺服阀断电时处于失电关闭状态，OPC 关闭速度、释放定值、延时时间及功能均符合要求，功率负荷不平衡保护功能可靠；并通过归档保存试验曲线和记录，消除漏试验、不试验现象。

18.13 FSSS 系统试验执行 DL/T 655 规程要求。但全炉膛灭火动态试验，对机组有一定的潜在危害性，因此，除新上机组或控制系统有较大修改的机组应进行外，一般宜以静态试验方法确认；必须进行的 FSSS 系统动态试验，宜放在机组启、停过程中进行；试验前要充分考虑并做好安全防范措施，试验方案经批准后方可进行。

18.14 热工自动调节系统品质，应通过记录曲线的定期分析及时进行修正，并按 DL/T 657、DL/T 656 要求，定期进行扰动试验和调整。分析报告、定期扰动试验曲线和报告应归档保存。

18.15 为保证电网稳定运行和机组的安全经济性，各地电力试验研究院（所）应根据电网要求，制订相应的控制方案，配合电厂完善控制逻辑，做好试验和参数优化工作，确保一次调频、AGC 功能投入正常运行。

18.16 为避免机组运行出现异常工况和煤质变化时，控制系统调节响应不及时而影响机组的安全经济运行，应进一步加强自动调节系统品质优化，完善 RB 功能在各种辅机跳闸工况下的试验和调整，提高自动调节系统抗辅机跳闸等剧烈扰动的能力。

18.17 分散控制系统应建立各控制站、计算站、数据管理站、数据通信总线的负荷率定期在线测试和数据存档制度。定期对控制系统模件故障进行统计分析，评定模件可靠性变化趋势，并按照重要程度适时更换周期。

18.18 各台机组操作员站的软件版本必须分开存放，每台机组的软件版本必须保持一致。版本备份应分两级存放。定期复位操作员站、工程师站和历史数据站，以消除计算机长期运行的累积错误。

18.19 严禁在控制系统中使用非本系统的软件，未经测试确认的各种软件禁止下载到控制系统中使用，必须建立有针对性的控制系统防止病毒措施。可移出机房的非专用笔记本电脑等电子设备禁止作为控制系统维护工具使用。

18.20 DCS软、硬件升级不当会给DCS和机组运行带来安全隐患。DCS制造厂、电厂对DCS技术升级应慎重考虑，并充分做好相应的技术措施，确保DCS升级后的机组安全运行。

18.21 发生热工保护装置（包括一次检测设备）故障需退出运行时，必须开具工作票，经总工程师批准后迅速处理。主重要保护装置在机组运行中严禁随意退出，当因故障被迫退出运行时，必须制订可靠的安全措施，并在8h内恢复。其他保护装置被迫退出运行时，必须在24h内恢复，否则宜进行停机、停炉处理。

18.22 热控图纸应纳入计算机管理，图纸修改应按规定的流程及时在计算机内进行，以保证计算机内图纸符合实际；试验时使用的图纸，应为计算机内确认后的最新版本。

18.23 认真统计、分析每一次热工保护动作发生的原因，举一反三，消除多发性和重复性故障。对重要设备元件，严格按规程要求进行周期性测试，完善设备故障、测试数据库、运行维护和损坏更换登记等台账。通过与规程规定值、出厂测试数据值、历次测试数据值、同类设备的测试数据值比较，从中了解设备的变化趋势，做出正确的综合分析、判断，为设备的改造、调整、维护提供科学依据。

18.24 控制系统的逻辑组态及参数修改、软件的更新、升级，保护联锁信号的临时强制与解除，均应履行审批授权及责任人制度，严格执行规定的程序，实行监护制，做好记录备案。

18.25 建立控制系统运行日常巡检制度，以便及时发现控制系统异常状况。运行中定期检查与自动、保护相关的测量信号历史曲线，若有信号波动现象，应引起高度重视，及时检查系统中设备各相应连接点是否松动或接触不良，电缆绝缘层是否有破损或接地，屏蔽层接地是否符合要求等，并进行处理。任何时候，一旦出现信号异变，热控人员应及时检查原因并保存异常现象曲线，注明相关参数后归档。

18.26 随着技术的发展和新建机组的不断增加，新老电厂实际工作中都面临着人员技术素质、检修维护经验跟不上电力生产发展和技术进步的局面。各级组织应重视技术培训工作的深入；开展技术操作比武竞赛，调动热控专业人员自觉学习和一专多能的积极性，以此提高热控专业人员积极主动的工作责任心、科学严谨的工作态度、功底扎实的专业和管理技能。

附　录　A

（资料性附录）

“单点信号保护联锁系统可靠性优化”建议

表A.1 “单点信号保护联锁系统可靠性优化”建议

序号	原逻辑	存在的隐患	防范措施建议
1	磨煤机保护跳闸逻辑中，采用单个逻辑开关信号“一次风与炉膛差压低低”动作跳所有磨煤机	单个逻辑开关信号“一次风与炉膛差压低低”易误动	下列信号三选一： （1）增加两个逻辑开关，将“一次风与炉膛差压低低”信号经三选二逻辑运算。 （2）“一次风与炉膛差压低低”信号与“单台磨煤机风温低”信号经与逻辑运算。 （3）磨煤机风量低信号与风压低信号进行与逻辑运算
2	电动机线圈单点温度高信号跳电动机	线圈温度单点信号故障率高，容易引起保护误动	按5.12处理
3	汽动给水泵运行、跳闸信号用速关阀信号表征	速关阀信号可靠性不高，容易引起误动	下列信号二选一： （1）转速小于2800r/min、给水泵汽轮机METS跳闸、安全油压和速关阀信号进行四选二逻辑运算。 （2）安全油压信号三选二逻辑运算

表 A.1（续）

序号	原逻辑	存在的隐患	防范措施建议
4	表征汽轮机跳闸的信号取信方式： （1）汽轮机主汽门两侧关闭的单点信号或门。 （2）通过环路通信送出	（1）行程开关单点信号容易误动。 （2）连接行程开关的电缆容易损坏，误发信号。 （3）环路通信故障时无法送出信号，触发 MFT 动作	下列条件中任一项满足后触发 ETS： （1）汽轮机主汽阀两侧关闭信号组成与逻辑判断后输出信号。 （2）汽轮机安全油压低低压力开关信号分模件且三选二逻辑判断（或二侧中联门关闭行程开关信号进行与逻辑判断后）的信号，经负荷及旁路条件判断后输出信号
5	高中低压胀差单点信号保护，延时 2s 或无延时	瞬间干扰信号易导致误动	高中低压胀差保护，（在 TSI）增加 10s 延时，量程缩小到 110%的跳机值，以提高坏点剔除保护作用
6	任一风机振动高高即跳风机	瞬间干扰信号易导致误动	对六大风机振动信号的研究结论表明，振动不会孤立发生。逻辑可修改为：一个振动高高信号和另一振动高信号组成与逻辑判断
7	润滑油压力低单点信号跳（引风、送风、一次风）风机后触发 RB	压力开关故障、接线松动等异常情况，易误触发 RB 动作	各增加 1 台（引风、送风、一次风）风机润滑油压力开关信号作报警（也可以用变送器测量信号代替），逻辑改为下列条件二选一： （1）润滑油压力开关低信号与润滑油压力开关低低信号经与逻辑判断后，延时（不大于 30s）跳风机，触发 RB。 （2）增加油压开关组成三选二判断逻辑

表 A.1（续）

序号	原逻辑	存在的隐患	防范措施建议
8	ETS 旁路故障信号之一：当负荷＞50%时，若高压旁路在全关且低压旁路开度在＞50%以上，触发旁路故障 ETS 跳闸	在机组正常运行中，若低压旁路阀位反馈信号发生跳变，则很可能造成 ETS 保护的误动	保护逻辑修改为： 当负荷＞50%时，若高压旁路在全关、低压旁路位置反馈＞50%且低压旁路的关行程开关脱开（低压旁路全关的行程开关信号取非），触发旁路故障 ETS 跳闸
9	DCS 送 DEH 的负荷指令信号仅一路硬接线	负荷指令信号直接去 DEH 控制阀门，单信号可靠性不高	在 DCS 中增加两路 AO 输出，DEH 中增加两路 AI 输入，在 DEH 的逻辑中实现三选中后作为控制信号
10	电动给水泵前置泵出口流量低低保护跳电泵	变送器故障、瞬间干扰信号等易导致误动	下列信号二选一跳电动给水泵： （1）电动给水泵转速大于 2800 r/min时，流量小于对应转速下的计算值 $Q=0.0198$ nt/h（＋X 值），延时（20s）后信号和再循环阀未开信号组成“与”逻辑。 （2）增加前置泵出口流量低低信号取样，改为三选二逻辑判断后信号
11	给水泵的振动保护由 MTSI 判断后送出开关量至 MEH，且单个振动信号触发保护	在实际的运行中，振动信号的误动概率很高	给水泵的振动信号直接用模拟量信号送至 MEH 系统，在 MEH 系统中将振动信号加以坏质量及速率判断处理，同时将此保护修改为一个轴承的振动 HH 信号和另一轴承的振动 H 信号组成与逻辑判断

表 A.1（续）

序号	原逻辑	存在的隐患	防范措施建议
12	除氧器水位联锁逻辑信号来自单个液位开关信号	液位开关异常时，将导致相关水位联锁保护失灵	用两个模拟量信号和原有的一个开关量信号组成三选二判断逻辑
13	电动、汽动给水泵前置泵推力轴承内外侧温度、后轴承温度、液力耦合器轴瓦温度单点信号越限后即跳泵	易发生热电阻故障、接线断线、松动和接触不良等情况导致误跳泵	按 5.12 处理
14	电动、汽动给水泵主泵前后轴承温度、电动给水泵主泵推力内外侧轴承单点信号越限后即跳泵	易发生热电阻故障、接线断线、松动和接触不良等情况导致误跳泵	（1）在逻辑中增加温度变化率保护。 （2）使用双支热电阻，一支设跳闸值，另一支设报警值。保护逻辑改为双支温度点中的跳闸值和报警值组成与逻辑判断
15	循环水泵 A(B) 电动机低端导向轴承温度 1 或 2 大于 85℃ 时跳循环水泵 A(B)	易发生热电阻故障、接线断线、松动和接触不良等情况导致误跳泵	（1）在逻辑中增加温度变化速率保护。 （2）循环水泵 A(B) 电动机低端导向轴承温度 1 和轴承温度 2 组成与逻辑判断后跳循环水泵 A(B)
16	循环水泵 A(B) 电动机高端导向轴承温度或推力轴承温度任一点大于 85℃ 时跳循环水泵 A(B)	易发生热电阻故障、接线断线、松动和接触不良等情况导致误跳泵	（1）在逻辑中增加温度变化速率保护。 （2）循环水泵 A(B) 电动机高端导向轴承温度和推力轴承温度组成与逻辑判断后跳循环水泵A(B)

表 A.1（续）

序号	原逻辑	存在的隐患	防范措施建议
17	电动给水泵润滑油压力低低跳电动给水泵	出现过压力开关误发信号跳泵的情况	下列信号二选一： （1）润滑油压力低低信号改为三选二逻辑。 （2）润滑油压力低信号和低低信号组成与逻辑判断
18	引风机、送风机、一次风机电机轴承温度高跳风机	易发生热电阻故障、接线断线、松动和接触不良等情况导致误跳泵	（1）在逻辑中增加温度变化率保护。 （2）使用双支热电阻，一支设跳闸值，另一支设报警值。保护逻辑改为双支温度点中的跳闸值和报警值组成与逻辑判断
19	磨煤机润滑油压力低低跳相应磨煤机	因压力开关坏等原因误发信号导致磨煤机误跳	下列信号二选一： （1）润滑油压力低低信号改为三选二逻辑。 （2）润滑油压力低信号和低低信号组成与逻辑判断
20	磨煤机出口温度二选平均后越限，跳相应磨煤机	易发生热电阻故障、接线断线、松动和接触不良等情况导致误跳泵	增加温度测点，将保护信号修改为三选二逻辑判断
21	汽轮机轴振高信号原单点跳机	线路干扰等原因易误发信号	下列信号中任一项满足时，将触发ETS： （1）相临任一轴承报警值和本轴承保护动作值进行“与”逻辑判断。 （2）本轴承 $X(Y)$ 向报警值和本轴承 $Y(X)$ 向保护动作值进行“与”逻辑判断

表 A.1（续）

序号	原逻辑	存在的隐患	防范措施建议
22	汽轮机轴承回油温度单点保护	到目前为止，因该信号导致机组跳闸的均为误动	电接点温度计由单支改为双支。为弥补拒动可能性增加的不足，增加轴承回油温度热电阻模拟测量70℃报警，或双支电接点水银温度计信号与轴承回油温度热电阻模拟量信号三选二
23	空气预热器轴承温度高保护跳闸、磨煤机轴承温度高跳闸使用的是热电阻信号	信号瞬间开路或接触不良，会引起保护误动	按5.12处理
24	凝结水泵轴承温度高，单信号跳泵	易发生热电阻故障、接线断线、松动和接触不良等情况导致误跳泵	增加温度变化率保护
25	高压缸排汽温度高，单信号跳机	易发生热电阻故障、接线断线、松动和接触不良等情况导致误跳泵；此外，测点的安装位置不一定能反映介质的实际温度	按5.12处理

附　录　B

(资料性附录)

“热工保护逻辑可靠性优化”建议

表B.1 “热工保护逻辑可靠性优化”建议

序号	保护信号	原逻辑存在隐患	优化逻辑建议
1	(1) 两台送风机全停。 (2) 两台引风机全停	原连接从各风机的电气开关柜直接取出一路停运状态动合触点信号进入FSSS系统。 运行中有发生MFT保护拒动的可能，如一个DI通道故障或一台风机检修时开关拉出，另一台运行的风机发生跳闸时，则两台风机均停运，MFT保护信号将无法成立	(1) 两台送风机全未运行。 (2) 两台引风机全未运行。 从各风机的电气开关柜直接分别取出两路运行状态常开接点信号，通过双通道输入FSSS系统组成与逻辑，利用反逻辑取“两台送风机(引风机)全未运行”，当2点均为逻辑“1”且延时触发MFT(延时作用是防止单台风机运行过程中进行风机的甲、乙侧切换时可能引起的MFT动作)
2	两台一次风机均停	原信号来自以下三个条件组成的与逻辑电路： (1) 任一给煤机运行。 (2) 无油层在服务。 (3) 两台一次风机均停。 存在运行中发生MFT保护拒动的可能性	修改为“两台一次风机全未运行”。信号由以下三个条件组成与逻辑： (1) 任一给煤机运行。 (2) 无油层在服务。 (3) 两台一次风机均未运行(从一次风机的电气开关柜直接取出两路运行状态动合触点信号，通过双通道输入FSSS系统组成与逻辑，利用反逻辑取“两台一次风机均未运行”)

表 B.1（续）

序号	保护信号	原逻辑存在隐患	优化逻辑建议
3	炉膛压力低低或高高Ⅱ值跳炉	炉膛压力取样公用管路上安装的同侧3台炉膛压力开关信号，经三选二逻辑判断后作保护信号，可能存在的隐患： （1）存在炉膛压力开关取样系统堵塞而导致保护拒动的可能。 （2）塌焦、干扰等可能引起炉膛压力越级而使信号误发。 （3）一个压力开关检修时，影响保护系统投运可靠性	炉膛压力高高或低低信号满足下列任一条件时，触发锅炉MFT： （1）从炉膛不同侧且独立的3根取样管路上安装的3台炉膛压力开关信号，经三选二逻辑判断后（可延时不超过3s时间）信号。 （2）3根独立取样管路上安装的3个炉膛压力变送器模拟量信号越限，转换成开关量经三选二逻辑判断后信号（原则上不加延时）
4	汽包水位低低或高高Ⅱ值跳炉	原逻辑为下列信号之一： （1）3个水位变送器的模拟量越限接点信号经三选二逻辑判断。 （2）3个水位变送器的模拟量信号三选中后的越限接点信号，与二侧电接点水位计越限信号，送入FSSS系统后进行三选二逻辑判断	（1）下列信号组成或逻辑，任一条件满足时，触发MFT： 1）3套独立取样装置引出管路上安装的3个水位变送器的模拟量信号，进入DCS经压力变送器三选中信号补偿后的越限信号，分别送入FSSS系统经三选二逻辑判断，延时不超过制造厂规定值（或参考值10s）后的信号（当FSSS为独立装置时，分别补偿后的越限信号应经3个独立的通道，以硬接线方式接入FSSS系统，进行三选二运算）。

表 B.1（续）

序号	保护信号	原逻辑存在隐患	优化逻辑建议
4	汽包水位低低或高高Ⅱ值跳炉	原逻辑为下列信号之一： （1）3个水位变送器的模拟量越限接点信号经三选二逻辑判断。 （2）3个水位变送器的模拟量信号三选中后的越限接点信号，与二侧电接点水位计越限信号，送入FSSS系统后进行三选二逻辑判断	2）二侧电接点水位计越限信号在FSSS系统经与逻辑运算后的信号。 （2）上述水位变送器三选中后信号与二侧电接点水位计信号，经三选二逻辑运算后信号输出触发MFT信号
5	全部燃料失去	（1）任一油枪曾经运行（油角阀开与上有火延时60s）或任一给煤机曾经运行。 （2）所有给煤机均停或所有磨煤机均停（中速磨直吹制粉系统）。 （3）所有油角阀全关或油跳闸阀关	下列条件同时满足时触发MFT（为脉冲信号）： （1）任一油枪曾经运行（油角阀开与上有火延时60s）或任一给煤机曾经运行。 （2）所有给煤机均停或所有磨煤机均停（中速磨直吹制粉系统）或给粉机两段电源均失去（中储式制粉系统）。 （3）所有油角阀全关或油跳闸阀关。 对于中储式制粉系统，当失燃料保护信号取自给粉电源系统时，为防止厂用电切换时电源瞬间失去，引起失燃料信号误发，失燃料保护信号可以增加一定延时，延时时间为电源切换时间差加上一定延时（如0.5s）

表 B.1（续）

序号	保护信号	原逻辑存在隐患	优化逻辑建议
6	给水泵入口压力低	给水泵启动或突然增加给水的动态过程中，可能会误发保护动作信号，或造成给水泵入口汽化而导致泵汽蚀损坏	给水泵入口和除氧器之间的压差小于设定值，延时后跳闸给水泵（定值及延时值大小根据试验确定）

附　录　C
（资料性附录）
通信故障防范措施建议

表 C.1　通信故障防范措施建议

序号	原逻辑	存在隐患	防范措施
1	发电机主保护动作跳闸信号，由电气硬接线送至 DCS 输入后，再经输出转送 1 路硬接线至 ETS 系统，作为跳汽轮机信号	（1）发电机跳闸的同时 DCS 模件故障或死机，则信号无法到达 ETS。 （2）DCS 环节延长了 ETS 的响应时间	取消中间环节，电气直接送出发电机保护 3 路信号至 ETS 并采用三选二逻辑。如电气只能送出 2 路信号至 ETS，则采用或门逻辑动作跳汽轮机
2	炉 MFT 信号，有的机组通过通信连接 ETS 柜，且只有 1 路。有的机组 FSSS 系统通过环路通信到 SCS 系统再转送出 1 路硬接线至主机 ETS 柜实现保护	通信故障或干扰信号发生时，MFT 信号存在拒发或误发的隐患	直接从 FSSS 系统的 MFT 继电器板送出 3 路动断触点信号（当 FSSS 系统失电时，保护信号也能正确动作跳机）至 ETS 柜，在 ETS 内进行三选二逻辑判断后跳汽轮机
3	MFT 跳磨煤机，仅通过通信实现	通信故障或干扰信号发生时，MFT 信号存在拒发或误发的隐患	磨煤机的跳闸硬接线回路中，增加 MFT 出口继电器通过硬接线连接的 MFT 信号，确保 MFT 跳磨煤机有软、硬两套保护

表 C.1（续）

序号	原逻辑	存在隐患	防范措施
4	主蒸汽温度低跳机信号，通过通信送至ETS	通信故障或干扰信号发生时，信号存在拒发或误发的隐患	由DCS送出经负荷信号和压力信号判断后的3路不同点的主蒸汽温度信号，通过硬接线直接接入ETS（包含DEH）系统，进行三选二逻辑优选，当信号为“1”时触发ETS动作
5	仪用空气压缩机在远方控制时，控制回路的自保持功能在DCS侧	当DCS控制输出回路接地或DO通道故障时，将会造成空气压缩机跳闸；当公用控制柜失电时，将会造成所有仪用空气压缩机跳闸，进而机组跳闸的后果	将仪用空气压缩机远方控制时，控制回路的自保持功能移至空气压缩机就地实现
6	锅炉总风量过低＜25%逻辑，原为二选一	易误动	锅炉总风量低低信号改为3路信号，直接通过不同模件的输入通道进入FSSS系统，在FSSS系统中进行三选二逻辑优选，当信号为“1”时触发MFT

表 C.1（续）

序号	原逻辑	存在隐患	防范措施
7	DCS的负荷指令信号，仅1路信号送至DEH	单路信号可靠性不高	DCS的负荷指令信号应由3个输出通道，经3路硬接线连接DEH 3个输入通道，在DEH中实现三选中后作为控制信号
8	原设计锅炉炉膛压力H2、H3、L2发生MFT后，跳闸送风机、引风机的信号是通过通信实现	通信故障的同时又发生MFT的情况下，将引起保护拒动	增加以下硬接线信号与原通信至SCS的送/引风机保护动作信号相或： （1）在DCS中，将MFT信号和炉膛压力高高信号组成与逻辑，延时后再与炉膛压力高高高信号组成或逻辑，经DO输出后通过硬接线送到SCS，作为送风机跳闸的条件。 （2）在DCS中，将MFT信号和炉膛压力低低信号组成与逻辑，延时30s，再与炉膛压力低低低信号组成或逻辑，DO输出后通过硬接线送到SCS，作为引风机跳闸的条件

附　录　D

(资料性附录)

《分散控制系统故障应急处理预案》编写导则

D.1　范围

本导则规定了火力发电厂编制《分散控制系统故障应急处理预案》的程序、内容和要素等基本要求。各发电企业编制时，应结合本单位的组织结构、管理模式、风险种类、生产规模等特点，进行相应的调整。

本导则适用于火力发电厂已投产机组分散控制系统中所属的 DCS、DEH、ETS、TSI、主重要 PLC 等控制系统故障时的应急处理。

D.2　规范性引用文件

下列文件中的条款通过本标准的引用而成为本标准的条款。凡是注日期的引用文件，其随后所有的修改单（不包括勘误的内容）或修订版均不适用于本标准，然而，鼓励根据本标准达成协议的各方研究是否可使用这些文件的最新版本。凡是不注日期的引用文件，其最新版本适用于本标准。

GB 18218　重大危险源辨识

DL 435　火力发电厂煤粉锅炉燃烧室防爆规程

DL 5000　火力发电厂设计技术规程

DL/T 655 火力发电厂锅炉炉膛安全监控系统验收测试规程

DL/T 656 火力发电厂汽轮机控制系统验收测试规程

DL/T 657 火力发电厂模拟量控制系统验收测试规程

DL/T 658 火力发电厂开关量控制系统验收测试规程

DL/T 659 火力发电厂分散控制系统验收测试规程

DL/T 701 火力发电厂热工自动化术语

DL/T 774 火力发电厂热工自动化系统检修运行维护规程

DL/T 5190.5 电力建设施工及验收技术规范（第5部分：热工仪表及控制装置）

AQ/T 9002 生产经营单位生产安全事故应急预案编制导则

Q/LD 208005 危险源辨识与风险评价控制程序

中华人民共和国安全生产法 中华人民共和国主席令 2006 第 70 号

国电发〔2000〕589 号 防止电力生产重大事故的二十五项重点要求

D.3 术语、定义和缩略语

下列术语、定义和缩略语适用于本导则。

D.3.1

应急预案　emergency response plan

针对分散控制系统可能发生的事故，为迅速、有序地开展应急行动而预先制订的行动方案。

D.3.2

应急响应　emergency response

分散控制系统故障发生后，有关部门或人员按照工作程序对故障作出判断，确定响应级别。

D.3.3

应急启动　emergency start

应急响应级别确定后，按确定的响应级别启动应急程序，通知应急人员到位，开通通信网络，调配应急资源。

D.3.4

应急行动　emergency action

在分散控制系统故障应急响应过程中，为消除、减少故障危害，防止事故扩大，最大限度地降低故障造成的危害而采取的处理措施或行动。

D.3.5

应急恢复　emergency recovery

分散控制系统故障应急行动结束后，为使生产尽快恢复到正常状态而采取的措施或行动，包括现场清理、人员撤离、善后处理、事故调查等。

D.4 应急预案的编制与体系的构成

D.4.1 为了建立高效的热控设备故障应急处理机制，以确保机组在正常运行过程中出现分散控制系统故障时能够迅速、准确地组织有效的故障处理，防止故障进一步扩大，最大限度地减少损失，编制分散控制系统故障应急预案前，应做好以下准备工作：

D.4.1.1 全面分析分散控制系统危险因素、可能发生的故障类型及故障的危害程度。

D.4.1.2 排查事故隐患的种类、数量和分布情况，并在隐患治理的基础上，预测可能发生的事故类型及其危害程度。

D.4.1.3 针对事故危险源和存在的问题，进行风险评估，确定相应的防范措施。

D.4.1.4 客观评价内部相关部门和外部支持单位的分散控制系统故障应急能力。

D.4.1.5 充分借鉴国内外同行业事故教训及应急工作经验。

D.4.1.6 进行培训需求分析，根据培训需求制订应急培训方案。

D.4.2 编制程序

D.4.2.1 成立应急预案编制组：结合本单位部门职能分工，成立以单位主要负责人为领导的应急预案编制工作组，明确编制任务、职责分工，制订工作计划。

D. 4. 2. 2 资料收集：收集应急预案编制所需的各种资料（相关法律法规、应急预案、技术标准、国内外同行业案例分析、分散控制系统技术资料等）。

D. 4. 2. 3 危险源与风险分析：在危险因素分析及故障隐患排查、治理的基础上，确定分散控制系统的危险源、可能发生故障的类型和后果，进行故障风险分析，形成分析报告作为应急预案的编制依据。

D. 4. 2. 4 应急能力评估：对内部及外部应急设备、应急人员等应急能力进行评估，并结合本单位实际情况，加强应急能力建设。

D. 4. 2. 5 应急预案编制：针对危险源的分析与辨识，按照有关规定和要求编制应急预案。应急预案编制过程中，应注重全体相关人员的参与和培训，使有关人员均能掌握危险源的危险性、应急处置方案和技能。

D. 4. 2. 6 应急预案批准与发布：应急预案编制完成后，由本单位主要负责人组织有关部门和人员进行讨论，修改完善后，经单位主要负责人签署发布执行，并按规定报有关部门备案。

D. 4. 3 应急预案的构成

D. 4. 3. 1 分散控制系统应急预案，应针对可能发生的故障和所有危险源，制订专项应急预案和现场应急处置方案，并明确事前、事发、事中、事后的各个过程中相关部门和有关人员的职责。

D. 4. 3. 2 专项应急预案：分散控制系统应急预案，

是针对具体的危险源而制订的计划或方案，为专项应急预案，属于全厂综合应急预案的组成部分。专项应急预案应制订明确的故障应急处理程序和具体的故障应急处理措施。

D.4.3.3 现场处置方案：现场处置方案是针对具体的故障而制订的处置措施，作为分散控制系统应急预案的附件存在。现场处置方案应具体、简单、可操作性强。相关人员应知应会，熟练掌握，并通过应急演练，做到迅速反应、正确处置。

D.5 应急预案的主要内容

D.5.1 总则

D.5.1.1 本预案为《××发电厂突发事件总体应急预案》中的专项预案，在总体预案的基础上编制，既可以单独使用，也可以配合其他预案一起使用。

D.5.1.2 本预案贯彻“安全第一，预防为主”的方针，坚持以热控设备的危险预测、预防为基础，以保障人身安全、设备安全、电网安全为目标，建立分散控制系统故障时的长效管理和应急处理机制，将分散控制系统故障时造成的影响与损失降低到最低限度。

D.5.2 分散控制系统应急准备

D.5.2.1 系统概述：对全厂主要的分散控制系统进行简明扼要的描述。

D.5.2.2 备品备件：建立合理必要的分散控制系统备品库及完善的备品管理制度，是分散控制系统故障情况下进行迅捷处理的物质保障。分散控制系统备品清单见表 D.1。

表 D.1 分散控制系统备品清单

系统	序号	备品名称	型 号	数 量	存放位置	备 注
DCS	1					
	2					
	…					
DEH	1					
	2					
	…					
MEH	1					
	2					
	…					
ETS	1					
	2					
	…					
TSI	1					
	2					
	…					
辅控	1					
	2					
	…					

D.5.2.3 分散控制系统发生紧急故障时，单位的内部应急能力不足以满足故障应急处理的需求，必须请求外部应急资源（如故障备品不能满足要求时，则需要请求相关单位的备件支援；如单位内部技术人员对故障的处理存在疑问，则需要请求相关单位的技术支持等）。外部应急资源的充分利用是热控故障顺利处理的重要保证。分散控制系统外部应急资源见表D.2。

表D.2 分散控制系统外部应急资源

系统	设备供应商		共享备品单位		安装单位		调试单位		技术支持单位	
	电话	联系人	电话	联系人	电话	联系人	电话	联系人	电话	联系人
DCS										
DEH										
MEH										
TSI										
ETS										

D.5.2.4 辨识可能发生的故障风险，对风险可能产生的影响进行分析，并评估单位对该风险的应急能力，是分散控制系统应急的基础工作。根据故障可能造成的后果，将危险源分为两级：处理不及时会引起机组跳闸的为Ⅰ级；暂时不会引起机组跳闸，但处理不当会使得故障扩大并引发机组跳闸的为Ⅱ级。分散控制系统重大危险源分级列表见表D.3。

表 D.3 分散控制系统重大危险源分级列表

系统	序号	危险源名称	危险级别	风险评估	应急 能力评估	备注
DCS	1	全部电源失去	Ⅰ			
	2	全部操作员站失去	Ⅰ			
	3	网络瘫痪	Ⅰ			
	4	FSSS 控制器全部故障	Ⅰ			
	5	SCS 控制器全部故障	Ⅰ			
	6	CCS 控制器全部故障	Ⅰ			
	7	单路电源失去	Ⅱ			
	8	部分操作员站失去	Ⅱ			
	9	单路网络故障	Ⅱ			
	10	FSSS 控制器失去冗余	Ⅱ			
	11	SCS 控制器失去冗余	Ⅱ			
	12	CCS 控制器失去冗余	Ⅱ			
	13	ECS 控制器全部故障	Ⅱ			
	14	脱硫控制系统故障	Ⅱ			
DEH	1	全部电源失去	Ⅰ			
	2	全部操作员站失去	Ⅱ			
	3	网络瘫痪	Ⅱ			
	4	DEH 主要模件故障	Ⅱ			
ETS	1	全部电源失去	Ⅰ			
	2	控制器全部故障	Ⅰ			
	3	单路电源失去	Ⅱ			
	4	单路控制器故障	Ⅱ			

表 D.3（续）

系统	序号	危险源名称	危险级别	风险评估	应急能力评估	备注
TSI	1	系统故障	Ⅰ			
MEH	1	全部电源失去	Ⅰ			
	2	网络瘫痪	Ⅱ			
辅控	1	系统故障	Ⅱ			

D.5.3 组织机构及职责

D.5.3.1 应急组织体系：发电企业应成立分散控制系统故障应急指挥机构，由企业主管生产的领导担任指挥，生产部门与设备供应部门相关人员担任机构成员，以统一协调应对故障。

D.5.3.2 应急职能部门的职责

应急组织体系见图 D.1。

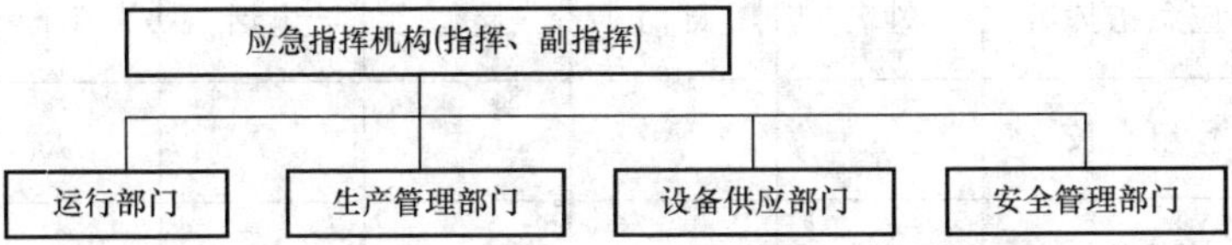

图 D.1 应急组织体系

a）生产管理部门负责故障应急处理过程中的技术支持，负责与相关技术单位（厂家、安装单位、调试单位、技术支持部门）的沟通；负责协调各方关系，保证应急处理作业顺利进行；负责故障备件的储备和管理；负责故障应急预案的编制与完善；负责设备故障的应急处理作业；负责预案的演练、培训。

b）运行部门负责根据故障状态进行机组运行参数调整、制订故障设备隔离的安全措施和技术措施，以防止故障进一步扩大；负责向电网调度中心进行协调联络，以尽可能地减小对电网的影响；负责修后设备的检查试运。

c）安全管理部门负责组织事故的调查取证、处理意见，负责故障应急处理结束后向上级相关部门通报事故。

d）设备供应部门负责应急处理作业物资能够保证应急处理的顺利进行；负责设备备品的管理工作，确保设备备品处于良好的备用状态。

D.5.3.3 应急处理指挥机构成员构成及职责，见表D.4。

表D.4 应急处理指挥机构成员构成及职责

应急指挥组	姓名	部门	岗位	电话	职责
组　长					
副组长					
成　员					
成　员					
成　员					
成　员					

D.5.3.4 现场应急机构及职责，见表D.5。

表D.5 现场应急机构及职责

现场应急处理小组		电　话	职　责
组　长	生产管理部门领导		
副组长	热控点检长		
副组长	运行部当值值长		
组　员	热控班班长		
	热控值班员		
	热控点检		
	运行当值操作员		

D.5.4 应急响应

D.5.4.1 应急响应与处理流程，参见附录D.a。

D.5.4.2 接警：报警人员发现事故后应及时将事故现象、发生地点、发现时间明确告知当班值长，并告知已经采取的临时措施。值长接到报警电话后立刻确认报警人的身份并进行事故核实（具体参考《安全生产信息上报制度》、《电厂重大事故应急汇报程序》）。

D.5.4.3 应急分级：值长根据分散控制系统发生的故障，按故障的可控性、严重程度、影响范围将事件进行分级，其中严重影响机组安全运行或者必须紧急停机处理的定为Ⅰ级（对应危险源辨识的Ⅰ级危险），影响机组出力或者不及时处理可能会上升为Ⅰ级事故的定为Ⅱ级（对应危险源辨识的Ⅱ级危险）。

D.5.4.4 应急启动：当故障发生后，值长进行故障分级，如发生的故障为Ⅰ级故障，则通知应急指挥组，由应急指挥组启动本预案。应急指挥组对故障应急处理过程的各种事项进行决策，并发布。现场应急小组及各相关部门在应急指挥组的统一领导协调下根据职责分工开展应急工作。如发生的故障为Ⅱ级故障，则由值长启动现场应急小组及相关的现场应急处置方案，各小组成员在现场指挥机构的组织协调下根据职责分工开展应急处理工作。

D.5.5 现场应急处置方案

D.5.5.1 根据分散控制系统重大危险源的辨识，针对特定危险源所产生的故障编制特定的现场应急处置方案，要求现场处置预案必须具有很强的可操作性，危险源与处置方案一一对应。

D.5.5.2 现场应急处置方案目录，见表D.6。

表D.6 现场应急处置方案目录

系统	方案编号	现场应急处置方案名称	级别
DCS		DCS系统全部电源失去应急处置方案	
		DCS系统全部操作员站失去监控应急处置方案	
		DCS系统网络瘫痪应急处置方案	
		DCS系统FSSS控制器全部故障应急处置方案	
		DCS系统SCS控制器全部故障应急处置方案	
		DCS系统CCS控制器全部故障应急处置方案	
		DCS系统单路电源失去应急处置方案	
		DCS系统部分操作员站失去监控应急处置方案	
		DCS系统网络失去冗余故障应急处置方案	
		DCS系统FSSS控制器失去冗余应急处置方案	

表 D.6（续）

系统	方案编号	现场应急处置方案名称	级别
DCS		DCS 系统 SCS 控制器失去冗余应急处置方案	
		DCS 系统 CCS 控制器失去冗余应急处置方案	
		DCS 系统 ECS 控制器全部故障应急处置方案	
		脱硫控制系统故障应急处置方案	
DEH		DEH 系统全部电源失去应急处置方案	
		DEH 系统全部操作员站失去应急处置方案	
		DEH 系统网络瘫痪应急处置方案	
		DEH 主要模件故障应急处置方案	
ETS		DEH 系统全部电源失去应急处置方案	
		ETS 系统控制器全部故障应急处置方案	
		ETS 系统单路电源失去应急处置方案	
		ETS 系统单路控制器故障应急处置方案	
TSI		TSI 系统故障应急处置方案	
MEH		MEH 系统全部电源失去应急处置方案	
		MEH 系统网络瘫痪应急处置方案	
主要辅控		主要辅控系统故障应急处置方案	

D.5.5.3 现场应急处置方案格式，见表 D.7。

表 D.7 现场应急处置方案格式

方案名称	××应急处置方案	级别	Ⅰ
对应处置措施	1. 故障现象： 2. 故障原因： 3. 故障可能造成的后果： 4. 处理措施：		

D.5.6 应急结束

D.5.6.1 故障应急处理作业结束后，生产管理部门与运行部门对处理后的设备进行试验，确定处理已使故障得到有效控制。设备运行已经完全正常后，由应急指挥组召集会议，在充分评估应急工作的基础上宣布应急行动结束，相关应急工作人员撤离现场。

D.5.6.2 在故障应急处理作业过程中，如果故障发展已超出本预案规定的应急处理工作范围，则由应急指挥组下令本预案终止执行。

D.5.7 后期处置

D.5.7.1 故障应急处理作业结束后，生产管理部门应妥善保存相关数据，并协助安全管理部门按故障调查程序进行事故调查、损失评估，对下一步工作进行部署并提出针对性的防范措施，以防止事故再次发生。

D.5.7.2 对应急预案实施全过程进行认真总结，消除预案存在的缺陷，使应急预案更加完善。

D.5.8 培训与演习

D.5.8.1 培训：培训的主要目的是建立分散控制系统的应急处理培训体制，树立相关工作人员的故障应急处理意识。要求相关工作人员熟悉相关的法律法规和故障应急流程，掌握应急处理过程中所需要的专业知识。故障应急处理相关知识培训每年进行一次，相关工作人员经考试合格后方能参与故障应急处理。

D.5.8.2 演习：演习主要着重于培养相关工作人员在故障应急处理作业过程中所需的实际操作能力以及相关

部门在故障应急处理过程中的组织协调及备品备件保障能力。演习结束后，应全面评估应急预案的预防及处理效果，找出不足与缺陷，并及时改进与完善应急预案。分散控制系统应急预案的演习要求每年进行一次，穿插在全厂的故障应急处理演习过程中进行。

D.5.9 应急预案的管理

D.5.9.1 预案的维护和更新：生产技术管理部门负责修改和更新预案。

D.5.9.2 制订与解释部门：生产技术管理部门负责解释本预案。

D.5.9.3 预案实施或生效时间：本预案于××××年××月××日起实施。

附录 D. a
(资料性附录)
预 案 流 程

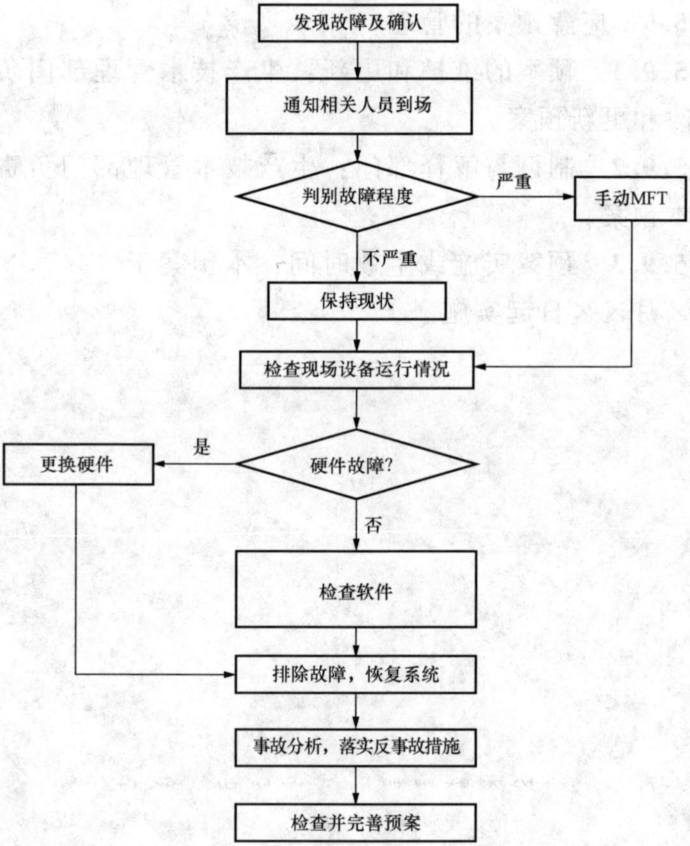

图 D. a. 1　应急响应与处理流程

注：“严重”是指全部电源失去、全部操作员站失去、FSSS公用控制器全部故障。

附录 D.b

(资料性附录)

DCS 系统全部电源失去应急处置方案

D.b.1 故障现象

4 台 LCD 显示器全部失电，DCS 各 PCU 柜全部失电，火焰工业电视显示无火。

D.b.2 故障原因

DCS 电源全部失去。

D.b.3 故障后果

锅炉 MFT，DCS 不工作，失去对机组的控制。

D.b.4 故障处理

a) 从 DEH 监视画面确认机组已 MFT、汽轮机已跳闸，立即手揿交流或直流润滑油泵、交流启动油泵启动按钮，启动交流或直流润滑油泵和交流启动油泵。

b) 检查高中压主汽阀、调节汽阀确已关闭，汽轮机转速连续下降，进入炉膛的燃料切断。

c) 立即手揿所有凝结水泵、电动给水泵、给水泵汽轮机事故按钮，并检查开启电动给水泵、电动辅助油泵。

d) 就地检查磨煤机、一次风机、密封风机跳闸，燃油快关阀关闭，炉膛吹扫 5min 后，就地手揿送风机、引风机事故按钮。

e) 通过 DEH 操作员站画面监视主机各参数显

示，加强对润滑油压、机组振动等主要参数的监视。完成正常停机的其他操作，做好防止汽缸进冷水、冷汽措施。

f） 仪控人员检查DCS锅炉、汽轮机配电柜内各空气开关状态，若DCS锅炉、汽轮机配电柜内主电源开关跳闸，则用万用表检查UPS到DCS锅炉、汽轮机配电柜进线电压是否正常，电源出线是否有接地现象。若电源出线有接地现象，则检查消除接地点。假如均正常，合上电源开关；假如不正常，电气专业检查UPS电源，待电气恢复后，恢复DCS供电。

g） 确认DCS功能全部恢复，检查设备状态、参数指示正常，汇报值长决定是否重新开机。

附录 D.c

(资料性附录)

Symphony DCS 系统全部操作员站失去应急处置方案

D.c.1 故障现象

LCD 显示器中出现 4 台操作员站数据显示成紫色，无任何过程画面，或虽然有过程画面，但无法响应鼠标点击操作更新，监视数据无刷新。

D.c.2 故障原因

C-NET 环网故障。

D.c.3 故障后果

除通信点外，DCS 各信号在 LCD 上失去监视，DCS 各控制器仍然保持正常工作。

D.c.4 故障处理

a） 确认各 LCD 除旁路、IDAS 点等通信信号外，其他信号呈紫色或长时间不刷新，利用 DEH 画面监视机组状态。

b） 持续时间超过 5min，立即手揿交流或直流润滑油泵、交流启动油泵启动按钮，启动交流或直流润滑油泵和交流启动油泵，检查各油压上升。

c） 锅炉手动 MFT，汽轮机手动紧急停机，检查高中压主汽阀、调节汽阀确已关闭，汽轮机转速连续下降，进入炉膛的燃料切断。

d） 立即手揿所有凝结水泵、电动给水泵、给水泵汽轮机事故按钮，并检查开启电动给水泵、电动辅助油泵。

e）就地检查磨煤机、一次风机、密封风机跳闸，燃油快关阀关闭，炉膛吹扫5min后，就地手揿送风机、引风机事故按钮。

f）通过DEH操作员站画面监视主机各参数显示，加强对润滑油压、机组振动等主要参数的监视。

g）仪控人员检查各PCU内NIS/NPM卡件及操作员站的NIS卡件的工作状态是否正常，检查环路电缆是否断线或有接地，若有，找出故障点处理；若无，故障点或处理正常后复位故障NIS/NPM。

h）确认LCD画面功能全部恢复，检查设备状态、参数指示正常，汇报值长决定是否重新开机。

附录D.d

（资料性附录）

Symphony DCS系统CCS控制器全部故障应急处置方案

D.d.1 故障现象

所有LCD系统状态画面上对应CCS系统10CKA04柜M3、M4卡件状态异常报警，LCD画面上失去了该主模件所属的全部检测信号（设备运行参数），主模件所属的全部检测信号在VDU上呈紫色，模拟量数据不刷新。

D.d.2 故障原因

CCS系统BRC模件全部故障。

D.d.3 故障后果

CCS系统各设备失去控制，保持当前状态。CCS系统BRC所属包括：给煤机自动控制、机组RB功能、机组负荷控制、机组启动系统自动控制、燃料主控。

D.d.4 故障处理

a） 运行人员查看控制网络监视画面，确认10CKA04柜M3、M4卡件状态故障报警。

b） 值长汇报省电力调度中心，确认机组AGC已撤出，若AGC未撤，则请省电力调度中心撤出机组AGC控制，维持机组负荷稳定。

c） 值长要求操作员尽量减少操作，维持机组稳定。

d） 撤除各台磨煤机的风量和风温自动，给水流量控制切为手动，各给煤机控制切给煤机就地柜。

e） 仪控人员确认故障 10CKA04 柜 M3、M4 卡件大红灯亮，记录报警状态。

f） 仪控人员汇报值长，将 10CVA08 6C TB4-1、2 接线拆开，确认汽轮机调节阀控制切到 DEH 控制。

g） 手动复位 BRC 控制器，假如复位不成功，则更换 BRC 卡件。

注：在故障处理过程中，若机组正常运行无法维持、主要参数变化大而危及机组安全，则应立即停机，并按 DCS 监控功能全部失去处理。

附录 D. e

（资料性附录）

Symphony DCS 系统 SCS 控制器全部故障应急处置方案

D. e. 1　故障现象

所有 LCD 系统状态画面上对应 SCS 系统 10CKA02 柜 M3、M4BRC 卡件以及其 I/O 子模件状态异常报警，LCD 画面上失去了该主模件所属 A 侧风烟系统的全部检测信号（设备运行参数），主模件所属的全部检测信号在 CRT 上呈紫色。

D. e. 2　故障原因

SCS 系统风烟系统 A 侧 BRC 模件全部故障。

D. e. 3　故障后果

SCS 系统风烟系统 A 侧设备失去控制，保持当前状态。

D. e. 4　故障处理

a）查看控制网络监视画面，确认所有 LCD 系统状态画面上对应 SCS 系统 10CKA02 柜 M3、M4BRC 卡件故障报警。

b）汇报省电力调度中心，申请撤出机组 AGC，维持机组负荷稳定，尽量减少操作；利用就地仪表对机组进行有效操作和监视，维持机组正常运行。

c）现场检查风烟系统 A 侧设备的运行情况，严密监视炉膛负压、锅炉总风量以及炉膛火焰。

d）仪控人员检查 10CKA02 柜 M3、M4 模件的工作状态，记录报警状态。

e） 将送风机 A、引风机 A、一次风机 A 切到就地位置，将送风机 A 油站各油泵、一次风机 A 油站各油泵切就地，引风机 A 冷却风机切就地位置，切空气预热器 A 变频器就地运行，将风烟系统各挡板切就地。

f） 手动复位 BRC 控制器，假如复位不成功，则更换 BRC 卡件。

注：若机组正常运行无法维持、主要参数变化大而危及机组安全，则应立即停机，并按 DCS 监控功能全部失去处理。